“双一流”建设精品出版工程
中央高校基本科研业务费专项资金（项目编号HIT.HSS.201864）
黑龙江省教育科学规划重点课题（项目编号GJB1320077）

U0211657

# 本科生批判思维能力模块式培养实践探究

## AN EXPLORATIVE STUDY ON CULTIVATING UNDERGRADUATES' CRITICAL THINKING ABILITY

李慧杰　著

哈爾濱工業大學出版社
HITP HARBIN INSTITUTE OF TECHNOLOGY PRESS

**图书在版编目(CIP)数据**

本科生批判思维能力模块式培养实践探究/李慧杰著.
—哈尔滨:哈尔滨工业大学出版社,2020.5(2024.6 重印)
ISBN 978-7-5603-8810-6

Ⅰ.①本… Ⅱ.①李… Ⅲ.①英语-教学研究-高等学校 Ⅳ.①H319.3

中国版本图书馆 CIP 数据核字(2020)第 075721 号

策划编辑 常 雨
责任编辑 张凤涛 常 雨
出版发行 哈尔滨工业大学出版社
社 址 哈尔滨市南岗区复华四道街 10 号 邮编 150006
传 真 0451-86414749
网 址 http://hitpress.hit.edu.cn
印 刷 哈尔滨博奇印刷有限公司
开 本 787mm×1092mm 1/16 印张 11.5 字数 340 千字
版 次 2020 年 5 月第 1 版 2024 年 6 月第 2 次印刷
书 号 ISBN 978-7-5603-8810-6
定 价 78.00 元

---

(如因印装质量问题影响阅读,我社负责调换)

# 前　　言

批判性思维是一个有历史积淀的概念，最早源于苏格拉底所倡导的一种探究性质疑，即“苏格拉底问答法”。中国《礼记·中庸》提倡“博学之，审问之，慎思之，明辨之，笃行之”，意为要广博地学习，要对学问详细地询问，要慎重地思考，要明白地辨别，要切实地力行。这是中国有记载的最早提及并强调“审慎思考”的治学求进之道。

今天我们处在信息时代，其实也是数据和消息泛滥的时代，是一个时刻需要认识、分析、判断、选择和决定的时代。

2005 年钱学森的世纪之问，“为什么我们学校总是培养不出杰出的人才”，引起国内教育界对我国人才培养理念和培养模式的深刻思考，也引发各高校对于批判性思维的重视。

近代批判性思维理念与教育的关联可以追溯到 20 世纪 20 年代美国教育家杜威提出的“反省性思维”。1934 年卡尔·波普发表的《科学研究的逻辑》，标志着西方科学哲学最重要的学派——批判性主义的形成。在美国经历 20 世纪五六十年代的社会变动之后，批判性思维运动在 20 世纪 70 年代开始蓬勃发展，成为美国教育改革运动的焦点；20 世纪 80 年代批判性思维成为教育改革的核心；20 世纪 80 年代后期，批判性思维在美国教育领域具有了战略高度。批判思维运动从 20 世纪 90 年代初逐渐席卷全球，它的重要意义在世界高等教育领域达成共识。目前，世界各国都把批判性思维纳入核心素养，这是高等教育人才培养的一个重要目标。2016 年发布的《中国学生发展核心素养》明确指出“科学精神”素养中包括：理性思维、批判质疑和勇于探究三个基本点。

恩尼斯(Ennis)是美国批判性思维运动的开拓者，最早明确地提出批判性思维概念(1962)。他认为批判性思维是合理的、反思性的思维，其目的在于决定相信什么或做什么(Reasonable reflective thinking focused on deciding what to believe or do)。理查德·保罗(Richard Paul) 指出我们存在两种思维，一种思维让我们形成意见做出判断，做出决定，形成结论；同时还存在着另一种思维，即批判性思维，它批判前一种思维，让前述思考过程接受理性评估，可以说批判性思维是对思维展开的思维，我们进行批判性思维是为了考量我们自己或者他人的思维是否符合逻辑，是否符合清晰、准确、相关、重要、公正等标准。

为了进一步厘清批判性思维的定义，由来自多个领域的专家合作研究之后，1990 年发表了《批判性思维：一份专家一致同意的关于教育评估的目标和指示的声明》，即“德尔菲报告”(Delphi 报告)，其中指出，“批判性思维是有目的的、通过自我校准的思维判断。”

“德尔菲报告”将批判性思维分为思维倾向(disposition)和认知技能(skills)两个维度。“剑桥评价”(Cambridge Assessment) 机构认为批判性思维作为一个学科 (academic discipline),其独特性在于明确地以涉及理性思考的过程为中心,并提出批判性思维技能或过程由5大类技能及其相关子技能构成:分析、评估、推论、综合、自我反省和自我校正。

如今,批判性思维的训练和测试已经成为现代西方教育体系中不可分割的组成部分。北美的GRE、GMAT、SAT等能力型考试,都设有"批判性推理"(Critical Reasoning)和"分析写作"(Analytical Writing),来测试学生的分析、论证和表达的能力。《恩尼斯-韦尔批判性思维语篇测试》是运用最广泛的批判性思维语篇测试。《思维技能测验》(Thinking Skills Assessment)是英国"剑桥评价"开发的大学入学考试,考生自愿参加,大学录取时参考。目前,批判性思维测试领域中应用最广的是《加利福尼亚批判性思维技能测验》CCTST(California Critical Thinking Skills Test)和《加利福尼亚批判性思维倾向问卷》CCT-DI(The California Critical Thinking Disposition Inventory)。

批判性思维培养是大学通识教育的重要目标之一。纵观各国高校批判性思维培养模式,主要有设置单独课程、设置学科渗透的融合课程、单独课程与融合课程的综合化课程等。结合我国大学本科教育的实际情况,作者提出了模块式教学的思路。教学内容由八个模块构成,分别是:识别广告与论证中的"诉诸策略";辨识非形式谬误;尝试苏格拉底问答法;了解图尔敏论证模型;挖掘隐含假设;辨别和分析论证;批判性阅读;批判性写作。这种模块式教学方法非常灵活,既可以独立成章,又都扎根于批判性思维的本质,相互之间有一定的联系。

本书第一章至第三章着重明晰批判性思维的概念,明确批判性思维能力的核心维度,综述批判性思维的培养途径;第四章至第十一章介绍培养本科生批判性思维的八个模块;第十二章由4篇调查报告组成,包括本科生英语批判阅读意识现状、批判阅读能力自评、批判阅读能力测评和影响大学生英语批判阅读能力发展的因素调查报告等。

作者于2003年在英国访学时首次接触到了批判性思维相关的理论,2007年在上海外国语大学完成博士论文《英语批判阅读能力测试的探索研究》,2015年参加了在汕头大学举办的由董毓教授和谷振诣教授主讲的批判性思维高级培训班,这些经历使作者受益匪浅,也促使作者一直持续地关注着国内外批判性思维领域的研究动态,对批判性思维有了更加系统的理论认识和实践认识。

批判性思维这个概念既是传统的,也是现代的。批判性思维的概念既是多元的,也是共识的。人们常常使用这个名词,却很少有人真正理解它的内涵,所以,它虽然是流行的,但也是模糊的。希望本书能够给大学生的批判性思维成长助一臂之力。对于批判性思维的学习一直在路上,难免有疏漏和不足,请同仁批评指正。

作 者

**2020年2月**

# 目　录

# 第一章　批判性思维概述

## 第一节　引　　言

以生产力划分，人类历史经历了以下时代：旧石器时代、新石器时代、青铜器时代、铁器时代——前工业时代；蒸汽时代、电气时代——工业时代；自动化时代、信息时代——后工业时代。

今天我们处在信息时代，其实也是数据和消息泛滥的时代，是一个时刻需要认识、分析、判断、选择和决定的时代。

在这个知识不断更新、竞争更加激烈的全球化世界中，大学生作为社会发展的主力军，作为驱动社会车轮前进的发动机，他们应该必备批判性思维能力。

批判性思维（Critical Thinking，简称 CT）这个名词是舶来品，但就实质而言，它也是中华传统文化在教育领域中提倡的一种思维方式。

战国时期思想家列子所编的《列子·汤问》中有一篇文章“两小儿辩日”讲述了一个极具教育意义的寓言故事。

> 孔子东游，见两小儿辩斗，问其故。
>
> 一儿曰：“我以日始出时去人近，而日中时远也。”
>
> 一儿以日初出远，而日中时近也。
>
> 一儿曰：“日初出大如车盖，及日中则如盘盂，此不为远者小而近者大乎？”
>
> 一儿曰：“日初出苍苍凉凉，及其日中如探汤，此不为近者热而远者凉乎？”
>
> 孔子不能决也。
>
> 两小儿笑曰：“孰为汝多知乎？”

孔子路遇两个孩子在争辩太阳远近的问题，而孔子不能作决断之事。两个小儿敢于探求客观真理，独立思考、大胆质疑的精神令人赞叹。这个故事说明了知识无穷、学无止境的道理，同时也赞扬了孔子敢于承认自己学识不足，做学问实事求是的品质。

在21世纪初期，我国著名学者武宏志（2004）指出：

> “培养批判性思维技能和态度已被众多国家确立为高等教育的目标之一。这是对新世纪挑战的积极回应……批判性思维的培养既需要专门的课程加以实现，也需要在学科教学实践中予以贯彻。非形式逻辑或论证逻辑或论辩理论是广泛应用的培养批判性思维技能和气质的手段。我国的高等教育应该尽快补上批判性思维培养这一课。”

哈佛大学原校长博克（Derek Bok）在2006年出版了《回归大学之道：对美国大学本科教育的反思与展望》书中对本科生的思维发展进行了归纳。他认为第一阶段是“无知的确定性”(Ignorant Certainty),表现为“盲目相信”,表现人群主要是大学新生;第二阶段是“有知的混乱性”(Intelligent Confusion),表现为“公说公有理,婆说婆有理”,表现人群是大部分大学生;第三阶段是“批判性思维”(Critical Thinking),表现为“理性分析,精确求证”。

2005 年钱学森的世纪之问,“为什么我们学校总是培养不出杰出的人才”,引起国内教育界对我国人才培养理念和培养模式的深刻思考,也引发各高校对于批判性思维的重视。

然而,在如今 21 世纪 20 年代开始之际,高等教育中批判性思维培养依然是一个刻不容缓的艰巨任务,因为本科生“思辨缺席”现象依然存在,口语及书面表达内容空泛,逻辑性和思辨性欠缺,缺乏分析、综合、判断、推理、思考、辨析的能力。

谷振诣教授是国内较早开设批判性思维课程的教师。他在接受媒体采访时指出“只能凭我所教过的学生而言,绝大多数学生的思维基本功较弱,……批判性思维课程的结业测试分数较低,辩论赛时爱辩论而疏于分析和推理、好煽情而疏于严谨的论证、善调侃而疏于合理的回应等。”

批判性思维到底是什么?批判性思维对本科生而言的重要意义是什么?批判性思维可以教授吗?如何评价本科生的批判思维能力?这些都是引人发思的问题。

理查德·保罗(Richard W. Paul)指出我们存在两种思维,一种思维让我们形成意见做出判断,做出决定,形成结论;同时还存在着另一种思维,即批判性思维,它批判前一种思维,让前述思考过程接受理性评估,可以说批判性思维是对思维展开的思维,我们进行批判性思维是为了考量我们自己或者他人的思维是否符合逻辑,是否符合好的标准。因此,保罗强调批判性思维不是盲目的行动或反应。他指出“教育者们普遍认为,批判性思维不是任凭各种诱惑的摆布,不是轻易受情感参与,无关考虑,愚蠢偏见等的干扰,批判性思维的目的,在于做出明智的决定,得出正确的结论。”

## 第二节　起源与发展

### 一、起源与发展

人们普遍承认,批判性思维最早源于苏格拉底(约公元前 469—公元前 399)所倡导的一种探究性质疑(Probing Questioning)即“苏格拉底问答法”。苏格拉底经常采用对话式、讨论式、启发式等教育方法,在对话中向对方提问,发现对方回答问题中的矛盾之处及推理缺陷,由此提出反例,引出更为深入的思考,来解决问题。苏格拉底问答法实质就是一个逻辑推理和思辨的过程,它要求对原有概念和定义进行进一步的思考,对问题做更深入的分析,而不是人云亦云,或只重复业界权威和先贤说过的话。苏格拉底式的问答法,对于后来人们培养独立思考的能力,发扬怀疑和批判的精神,可以起到非常重要的启蒙作用。苏格拉底这种体现批判性思维实质的探究方法,彰显了一种行动、一种精神、一种生活方式,是哲学践行的典范。

“批判的(critical)”源于希腊文 kriticos(提问、理解某物的意义和有能力分析,即“辨明或判断的能力”)和 kriterion(标准),从语源上说,该词暗示发展“基于标准的、有辨识能力的判断”。

中国《礼记·中庸》提倡“博学之,审问之,慎思之,明辨之,笃行之”,意为要广博地学习,要对学问详细地询问,要慎重地思考,要明白地辨别,要切实地力行。这是中国有记载的最早提及并强调“审慎思考”的治学求进之道。

近代批判性思维理念与教育的关联可以追溯到20世纪20年代美国教育家杜威(John Dewey,1859—1952)提出的“反省性思维(Reflective Thinking)”,它是指“能动、持续和细致地思考任何信念或被假定的知识形式,洞悉支持它的理由以及它所进一步指向的结论”的过程。

杜威认为,好的教学必须能唤起儿童的思维。所谓思维,就是明智的学习方法,或者说,教学过程中明智的经验方法。在他看来,如果没有思维,那就不可能产生有意义的经验。因此,学校必须要提供可以引起思维的经验的情境。作为一个思维过程,具体分成五个步骤,通称“思维五步”,一是疑难的情境;二是确定疑难的所在;三是提出解决疑难的各种假设;四是对这些假设进行推断;五是验证或修改假设。杜威指出,这五个步骤的顺序并不是固定的。

另一个里程碑式的发展来源于卡尔·波普(Sir Karl Raimund Popper,1902—1994)。他是当代西方最有影响的哲学家之一。他1934年完成的《科学研究的逻辑》或称《科学发现的逻辑》一书标志着西方科学哲学最重要的学派——批判理性主义的形成。波普认为科学的精神就是批判,不断推翻旧有理论,不断做出新发现。按照波普的说法,只有可证伪的陈述才是科学的陈述。因此,知识的真理性特质只有通过外在化的批判性检验才能获得。他把知识的增长看作动态的过程,用著名的四阶段图式,即“问题 → 尝试性解决 → 反思、质疑、排除错误 → 新的问题→……”来体现运用批判理性主义的“理性重建”过程。

此后发生在美国的批判性思维运动无疑受到波普科学批判思想的启发和影响。不仅在科学知识的增长中需要进行批判性讨论和思考,人们的日常生活也需要这种批判性思维和精神。

20世纪五六十年代的背景下,美国经历各种动荡,反战运动和辩论风潮盛行美国大学校园,学生们呼吁逻辑课程应与他们作为公民的需要相关联,批判性思维运动开始蓬勃发展,因此非形式逻辑以关注当代现实生活中的论证的方式宣告了自己的诞生。这些教科书大多有三个共同特征:目的是培养批判性思维(Critical Thinking);通过分析和构建论证来完成;教授论证分析和评估的思维技能和方法。

为了进一步厘清批判性思维的定义,一个由46名专家组成的国际小组进行了合作研究。这个小组中的专家来自很多不同的学术领域,包括哲学、心理学、经济学、计算机科学、教育学、物理学等。以范西昂(Facione)为首的研究小组采用德尔菲方法(Delphi Method),历时两年,最终就批判性思维的含义达成共识,使之能够服务于学术领域教学和评估的目的。

专家组于1990年发表了《批判性思维:一份专家一致同意的关于教育评估的目标和指示的声明》,即“德尔菲报告”(Delphi 报告),其中指出,“批判性思维是有目的的(Purposeful)、通过自我校准(Self-Regulatory)的思维判断。”Facione将批判性思维分为认知技能和思维倾向两个主要组成部分,其中认知技能包括:阐述、分析、评估、推论、解释和自我校准六个方面，而在思维倾向的维度，则包括七个方面：好奇心；追寻真理；心灵开放——对有分歧的观点持开放态度；分析性；系统思考；自信；心智成熟等。Delphi 报告中提出的两个相关模型为批判性思维测量工具的探究奠定了理论基础。

我国学者武宏志（2004）总结 20 世纪 70 年代以来的批判性思维学术研究可以分为三个阶段，每一阶段都有不同的研究议程和应用重点。第一波（1970—1982 年）批判性思维研究的重点是由哲学家主导的逻辑、论辩和推理理论。理论家倾向于仅仅聚焦于明显的说服和论辩中的思维问题，用相对狭窄和技术的视角来看推理和逻辑，结果没有处理批判性思维的关键成分——语言逻辑和问题逻辑。

第二波（1980—1993 年）的特征是观点的多样性，心理学、批判教学法、女性主义和特殊学科以及第一波研究议程错失的某些元素（情感、直觉、想象和创造性等），都成为审视批判性思维的不同视角。它比第一波的计划更为广泛，对批判性思维的考察超出了逻辑学和修辞学传统。但第二波的工作缺乏一种共享的智识传统，总体上很少有整合，不太融贯，常常更为"肤浅"，所做的不同寻常的工作所得到的收获常常是以深度和严格性为代价的含糊的广泛性。

第三波（1990—1997 年）发展严格而广泛的批判性思维理论；阐明在学术环境之内和之外有一般应用的理智标准；说明情感和价值在思维中的合适角色；理解在情感和行为形成过程中思维的主导作用；将认知心理学的经验工作融进批判性思维理论中；建立批判性思维研究和实践领域中的共同原则和标准；发展识别和批判伪批判性思维模型和方案的有效评价工具。

20 世纪 80 年代末和 90 年代初，倡导批判性思维的努力达到了顶峰。此后，批判性思维的价值和必要性为美国全社会所接受，批判性思维被吸收进教育的各个层次。

总的说来，批判性思维理念在教育领域的发展经历了以下几个阶段：20 世纪 40 年代批判性思维用于标示美国的教育改革主题；20 世纪 70 年代，批判性思维作为美国教育改革运动的焦点而出现；20 世纪 80 年代批判性思维成为教育改革的核心；20 世纪 80 年代后期，批判性思维在美国教育领域具有了战略高度，多数高校以通识课程来设课并进行批判性思维培养。

美国 20 世纪 80 年代批判思维运动蓬勃发展。教育改革报告总结认为仅仅有三个 R（reading，writing，arithmetic）即阅读、写作和算术是不够的，必须用第四个 R——推理（reasoning）补充前三个 R 来重新振兴课程。大学、社区学院、技术学校等各层次的教育者都认识到，第四个 R 即推理被忽略了，美国学生不能足够好地进行推理。

在此阶段，很多大、中小学教师在课堂上尝试培养学生的批判性思维。在大学里，哲学教师倾向于强调使用理性方法寻求一个过程或结果的正确性，心理学老师的重点是元认知过程、批判性思维的迁移和问题解决等，演讲、交际学科的老师则关注有效说服。

批判性思维不仅逐渐被大多数大学确立为教育目标，而且被认为形成了一种与所谓的关于知识、学习和能力的"说教理论"形成鲜明对照的"批判性理论"。

## 二、战略地位

批判思维运动从 20 世纪 90 年代初逐渐席卷全球，它的重要意义在世界高等教育领域达成共识。目前，世界各国都把批判性思维纳入核心素养，这是高等教育人才培养的一个重要目标。

1998 年，联合国教科文组织在法国召开的“世界高等教育会议”上发表了《面向 21 世纪高等教育宣言，观念与行动》，其第九条“教育方式的革新：审辩性思维和创造性”指出，“教育与培训的使命是培养学生的批判性和独立态度”，“高等教育机构必须教育学生，使其成为具有丰富知识和强烈上进心的公民。他们能够批判地思考和分析问题，寻找社会问题解决方案并承担社会责任，课程必须包含获得在多元文化条件下批判性和创造性分析技能，独立思考，集体工作的技能。”经济合作与发展组织、美国、法国、德国、新加坡、日本等国家都把批判性思维列入人才培养目标。

1991 年美国的《国家教育目标报告》指出：“应培养大量的具有较高批判性思维能力、能有效交流、会解决问题的大学生”，“培养学生对学术领域问题和现实生活问题的批判思考能力不仅是教育的重要目标，这对于当前复杂多变的世界，培养会思考的公民和有能力的劳动者，进而维护民主社会都意义深远。”

1993 年普林斯顿大学“本科教育战略委员会”对本科毕业生提出的衡量标准有以下 12 项：具有清楚的阅读看图和写作的能力；具有批判性和系统性推理的能力；具有形成概念和解决问题的能力；具有独立思考的能力；具有敢于创新和独立工作的能力；具有与他人合作与沟通的能力；具有判断什么意味着彻底理解某种东西的能力；具有辨别重要的东西与琐碎的东西，持久的东西与短暂的东西的能力；熟悉不同的思维方式；具有某一领域知识的深度；具有观察不同学科、理念、文化的相关之处的能力；具有一生求学不止的能力。在这些衡量标准中，批判性思维既是重要的一项内容，也是其他标准能力发展的基础。

黄存良（2019）在其博士论文《通识课程视阈下大学审辩性思维课程设计研究》中历数了批判性思维在世界各国的重视程度，简要归纳如表 1.1 所示。

**表 1.1　批判性思维的战略地位**

| 年份 | 国家 | 文件 | 主要观点 |
|---|---|---|---|
| 2005 | 欧盟 | 《终身学习核心素养：欧洲参考框架》 | 对“学会学习”这个素养的描述是：批判性思维、创造性、主动性、问题解决、风险评估、决策…… |
| 2007 | 美国 | “21 世纪学习框架”（Framework for 21st Century Learning） | 学校需要整合 3 个“R”（即核心课程）和 4 个“C”，即批判性思维与问题解决（*Critical Thinking and Problem Solving*）；交流合作（*Communication*，*Collaboration*）；创造与创新（*Creativity and Innovation*） |
| 2010 | 新加坡 | “21 世纪素养”框架 | “批判性和创新思维”渗透在整个知识与技能培养过程当中 |
| 2010 | 日本 | “21 世纪关键能力”框架 | 由“生存能力”向“思考力”转变，强调问题解决、批判性思维和元认知能力，形成日本独具特色的核心素养理论 |
| 2016 | 法国 | 《知识、能力和文化的共同基础》 | 公民的基本素养包括“拥有反思和批判性思维的能力” |
| 2016 | 中国 | 《中国学生发展核心素养》 | “科学精神”素养中包括：理性思维、批判质疑和勇于探究三个基本点 |

## 三、里程碑人物及贡献

批判性思维发展的源头可以追溯到古希腊的哲学家苏格拉底的“问诘法”。亚里士多德对批判性思维发展的贡献在于他开创的演绎三段论、谬误和修辞学说。进入20世纪以来,教育学理论日益充盈丰满,形式逻辑由传统逻辑占上风转入非形式逻辑蒸蒸日上的局面。多个流派的精华汇流,共同推动了批判性思维这个领域的发展。表1.2列出里程碑式的大家们的有关批判性思维的观点。这些重要人物的个人简介见本章附录。

**表1.2 批判性思维领域的里程碑人物及贡献**

| 人物 | 贡献 |
|---|---|
| 苏格拉底(Socrates,公元前469年—公元前399年) | 古希腊著名的思想家、哲学家、教育家。“苏格拉底方法”(The Socratic Method)对西方的思维方式有极为重要的贡献 |
| 亚里士多德(Aristotle,公元前384—前322) | 古希腊哲学家、科学家和教育家。逻辑学著作总称《工具论》包括《范畴篇》《解释篇》《前分析篇》《后分析篇》《论题篇》《辩谬篇》六篇。亚里士多德在哲学上最大的贡献在于创立了形式逻辑这一重要分支学科。开创了演绎法推理,用三段论的形式论证。亚里士多德的著作《修辞学》为非形式逻辑奠定基础 |
| 约翰·杜威(John Dewey,1859—1952) | 美国著名哲学家、教育家、心理学家,实用主义的集大成者,也是机能主义心理学和现代教育学的创始人之一。杜威提出的“反省性思维(reflective thinking)”是指“能动、持续和细致地思考任何信念或被假定的知识形式,洞悉支持它的理由以及它所进一步指向的结论”的过程 |
| 卡尔·波普(SirKarl Raimund Popper,1902—1994) | 当代西方最有影响的哲学家之一。波普研究的范围甚广,涉及科学方法论、科学哲学、社会哲学、逻辑学等。他1934年完成的《科学研究的逻辑》或称《科学发现的逻辑》一书标志着西方科学哲学最重要的学派——批判理性主义的形成 |
| 斯蒂芬·图尔敏(Stephen Toulmin,1922—2009) | 英国哲学家、教育家,非形式逻辑最重要的理论先驱,现代论证理论的创始人。最重要的著作为1958年《论证的使用》。他提出的推理模型——图尔敏论证模型包含六个相互关联的构成成分:“数据”“佐证”“理据”“限定词”“例外”和“主张” |
| 罗伯特·恩尼斯(Robert H. Ennis,1927—) | 国际公认的批判性思维权威,被尊为美国批判性思维运动的开拓者,非形式逻辑与批判性思维协会(AILACT)前任主席。著作包括《批判性思维》(1996)、《评估批判性思维》(1989)、《教学中的逻辑》(1969)、《普通逻辑》(1969)等 |
| 查尔斯·汉布林(Charles L. Hamblin,1922—1985) | 澳大利亚哲学家、计算机科学家。从20世纪60年代开始论辩哲学(the philosophy of argumentation)的研究。著作《谬误》(*Fallacies*,1970)研究古典的逻辑谬误揭示传统谬误理论的不足,并提出了自己的谬误处理方法——形式论辩术(formal dialectic) |

续表 1.2

| 人　　物 | 贡　　献 |
|---|---|
| 道格拉斯·沃尔顿（Douglas N. Walton，1942—） | 温莎大学推理、论辩与修辞研究中心（CRRAR）杰出研究员，剑桥大学出版社批判性论辩系列教材主编之一。主要著作包括《品性证据：一种设证法理论》《批判性论证基本原理》《论证中的相关性》《模糊性产生的谬误》《论证中的情感》等 |
| 范·爱默伦（Frans H. van Eemeren，1946—） | 国际论辩研究学会（ISSA）主席，语用论辩学创始人。代表著作《论辩、交际与谬误》（1992）提供了精致化的语用论辩谬误理论。2014 年，作为国际论辩研究学会（ISSA）主席范·爱默伦与其他学者共同编写的《论证理论手册》（*Handbook of Argumentation Theory*）反映了当代论证理论研究的国际走向 |
| 彼得·范西昂（Peter A. Facione，1944—） | 美国批判性思维运动的主要代表人物之一，1990 年国际批判性思维专家研究项目的领导者和最终的共识报告（The Delphi Report）的撰写人。发表《加利福尼亚批判性思维技能测试》《加利福尼亚批判性思维习性问卷》《批判性思考》等 |
| 理查·保罗（Richard Paul，1937—2015）<br>琳达·艾德（Linda Elder，1962—） | 理查·保罗是在国际上领导批判性思维运动的灵魂人物，担任批判性思维中心的研究部主任，以及卓越批判性思维国家委员会的主席。琳达·艾德是批判性思维基金会主席以及批判性思维中心的执行长。二人合著《批判性思维：主导个人学习与生活的工具》和《批判性思维：掌握个人专业与生活的工具》 |

## 第三节　批判性思维的定义与描述

自 20 世纪 60 年代以来，有影响力的批判性思维研究学者试图从各个角度为批判性思维（Critical Thinking——CT）给出定义。

恩尼斯（Robert Ennis）是美国 CT 运动的开拓者，他最早明确地提出批判性思维概念（1962）。近期修订后的意义的表述为：批判性思维是合理的、反思性的思维，其目的在于决定相信什么或做什么。（Reasonable reflective thinking focused on deciding what to believe or do.）

白琳（Sharon Bailin）等将其发展为：CT 是“对相信什么或如何行动的问题情景的透彻思考，思维者想要形成理由充分的判断并获得某种程度的成功，这具体化为优质思维者的品质”。

保罗（Richard W. Paul），国际公认的批判性思维权威，“批判性思维国家高层理事会”主席，“批判性思维中心”研究主任指出（1995）：批判性思维，简言之，就是通过一定的标准评价思维，进而改善思维。批判性思维是积极地、熟练地读解、应用、分析、综合、评估支配信念和行为的那些信息的过程。这些信息通过观察、实验、反省、推理或交流收集或产生。在其典范的形式里，批判性思维以超越主题内容的普遍智力价值为基础：清晰性、准确性、精确性、一致性、相关性、可靠证据、好理由、深度、广度和公正。2004 年 7 月 12 ~ 15 日在加拿大举行的“第 24 届批判性思维国际讨论会”推荐采用该 CT 定义。

菲舍尔（Alec Fisher）和斯克里文（Michael Scriven）提出（1997）：CT 是“熟练地、能动地解释和评估观察、交流、信息和论辩”。该定义强调教授技能和取自非形式逻辑概念的重要性。他们认为，非形式逻辑是研究批判性思维实践的学科。

Coon & Mitterer(1995)认为批判性思维是一种评估、比较、分析、探索和综合信息的能力;批判性思维者愿意探索艰难的问题,包括向流行的看法挑战;批判性思维的核心是主动评价观念的愿望。在某种意义上,它是跳出自我、反思自我的思维能力。批判思维者能够分析他们观点和证据的质量,考察他们推理的缺陷。

德格勒珀(Kees De Glopper)(2002)认为CT包括解释能力(批判地阅读、听和观察)、交流能力(批判地写、说和表达)、批判的知识(非形式逻辑的特性和词汇表,即批判性思维的工具)及批判技能(语境的解释、意义的澄清、论证的分析及综合性地考虑全面评估结论)。后者是批判性思维的核心。

20世纪90年代,美国哲学学会(APA)将其定义为:"批判性思维是有目的的、自我校准的判断。这种判断表现为解释、分析、评估、推论,以及对判断赖以存在的证据、概念、方法、标准或语境的说明。批判性思维是一种不可缺少的探究工具。"

"剑桥评价"(Cambridge Assessment)基于专家组的研究讨论,生成了批判性思维的定义和分类系统。剑桥评价把批判性思维定义为:批判性思维是构成所有理性论诘和探究之基础的分析性思维。它以一丝不苟和严格的方法为特征。

国内最早致力于批判性思维研究的学者武宏志指出CT是一种技能和思想态度,没有学科边界,任何涉及智力或想象的论题都可从CT的视角来审查。CT既是一种思维技能,也是一种人格或气质;既能体现思维水平,也凸显现代人文精神。

此外,还有许多学者不是以陈述的形式定义批判性思维,而是对批判性思维加以描述。例如恩尼斯描述了具有批判性思维的人具有的特点;Richard Paul & Linda Elder列举了具有批判性思维的人应具有的能力和品质。

恩尼斯(Robert Ennis)给出的批判性思维观念简述如下:

一个批判性思考者(A critical thinker):

(1)开放、追求多样解决——Is open-minded and mindful of alternatives.

(2)希望并能够听取全面——Desires to be, and is, well-informed.

(3)善判断信息来源可靠性——Judges well the credibility of sources.

(4)辨别、分析论证——Identifies reasons, assumptions, and conclusions.

(5)寻求澄清概念、问题等——Asks appropriate clarifying questions.

(6)善评估论证的理由、假设、证据、推理的质量——Judges well the quality of an argument, including its reasons, assumptions, evidence, and their degree of support for the conclusion.

(7)能合理论证——Can well develop and defend a reasonable position regarding a belief or an action, doing justice to challenges.

(8)构造可信的假说——Formulates plausible hypotheses.

(9)善设计和进行试验——Plans and conducts experiments well.

(10)思考具体——Defines terms in a way appropriate for the context.

(11)谨慎断言——Draws conclusions when warranted-but with caution.

(12)综合运用上面的能力进行批判性思维——Integrates all of the above aspects of critical thinking.

Richard Paul & Linda Elder 认为经常运用理智品德能够促使一个受过良好教育的批判性思维者具有这样的能力(Habitual utilization of the intellectual traits produces a well-cultivated critical thinker who is able to):

(1) Raise vital questions and problems, formulating them clearly and precisely;

提出关键问题,清晰准确地阐述;

(2) Gather and assess relevant information, using abstract ideas to interpret it effectively;

收集和评估相关信息,使用抽象概念有效解释;

(3) Come to well-reasoned conclusions and solutions, testing them against relevant criteria and standards;

得出合理的结论和解决方案,并根据相关标准进行测试;

(4) Think open-mindedly within alternative systems of thought, recognizing and assessing, as need be, their assumptions, implications, and practical consequences; and

以开放的心态思考各种可能性,根据需要识别和评估其假设、含义和实际后果;

(5) Communicate effectively with others in figuring out solutions to complex problems.

与他人有效沟通,找出复杂问题的解决方案。

Richard Paul & Linda Elder 指出批判性思维是理智品德和分析技巧的结合。批判性思维者的理智品德(intellectual traits)包括以下内容:

(1) 谦虚(Intellectual Humility)。

(2) 勇气(Intellectual Courage)。

(3) 自主性(Intellectual Autonomy)。

(4) 换位思维(Intellectual Empathy)。

(5) 诚实(Intellectual Integrity)。

(6) 坚持(Intellectual Perseverance)。

(7) 相信理性(Confidence in Reason)。

(8) 公正(Fairmindedness)。

## 第四节　对批判性思维的阐释

### 一、对批判性思维的解释

批判性思维是对日常问题有价值地识别和评价的方法。在美国,教育部门对批判性思维教育极为推崇,多数大学开设批判性思维课程。

我国也引进了一些关于批判性思维的通用教材与读本。《学会提问》(*Asking Right Questions: A Guide to Critical Thinking*)是 1990 年代初较早引入国内的教材,目前已经修订到第十版,内容更贴近信息经济时代的要求。作者尼尔 · 布朗(Neil Browne)和斯图尔特·基利(Stuart M. Keeley)就何谓批判性思维,给出的定义是"有一套相互关联、环环相扣的关键问题的意识;恰如其分地提出和回答关键问题的能力;积极主动利用关键问题的强力愿望。"

书中指出,通常人类的思维方式有两种,一种从阅读中选择性获取信息,被动地理解作者所要表达的意思,另一种主动地和作者产生互动,提出问题,质疑该问题是否合乎逻辑以及证据是否具有可信度。前者称为海绵式思维,后者称为淘金式思维,也即批判性思维。批判性思维也分两种:弱势批判性思维和强势批判性思维。由于弱势批判性思维主要是捍卫自己的观点,感情用事,因此具有批判性思维的人应该理性思考,切勿感情用事,应当学会强势批判性思维,用充足的证据说话。

另外一本畅销书《批判性思维》(*Critical Thinking:A Student's Introduction*)作者格雷戈里·巴沙姆(Gregory Bassham)在书中解释道:

> 批判性思维是指有效识别、分析和评估观点即真理假说,认识和克服个人的成见与偏见,形成并阐述可支撑结论、令人信服的推理,对所思所为做出理性、智慧的决策所必需的一系列认知技能和思维素质的总称。批判性思维是按照明确的学术标准进行的严谨的思维,其价值在人类历史中得到了充分体现。这些思维标准中最重要的是清晰、准确、精确、切题、前后一致、逻辑正确、完整以及公正。

华裔学者董毓教授致力于批判性思维教育,他在工作坊、会议、讲座等场合中多次强调批判性思维的核心是"大胆质疑、小心求证、科学解决"和"不盲从、不盲反"。

## 二、批判性思维的标准

批判性思维就是指按照明确的思维标准而进行的严谨的思维活动。这些思维标准中最重要的是:清晰、准确、精确、切题、前后一致、逻辑正确、完整以及公正。

**1. 清晰**

在我们有效地评估一个人的观点或论点之前,我们需要清晰地理解他们在说什么。只有仔细用心地使用语言,我们才能避免不必要的沟通不畅。具有批判性思维的人不仅会尽力使语言更清晰,也会最大可能地追求思路的清晰。

**2. 精确**

具有批判性思维的人,理解精确思考的重要性。要从很多日常问题和麻烦带来的混乱和不确定之中抽身出来,就必须对一些具体的问题做出精确的回答,例如,我们面对的问题到底是什么?到底有哪些备选方案?每一个备选方案的优势和劣势分别是什么?

**3. 准确**

无论一个人多么睿智,如果他的决定建立在错误的信息之上,那么这一决策几乎可以肯定是不明智的。具有批判性思维的人不仅尊重事实,还会对准确及时的信息怀有"激情"。

**4. 切题**

不跑题非常重要,辩论者们常使用的技巧就是利用不相关的话题来分散观众的注意力。

**5. 前后一致**

从逻辑上来看，如果一个人的观点前后矛盾，那么其中至少有一个观点不正确。我们应该避免两类前后不一致。一类是逻辑上的前后不一，也就是在某个具体问题上表达或相信彼此矛盾的事（也就是不能同时成立的事）。另一类是实际做法中的前后不一，即言行不一。

**6. 逻辑正确**

逻辑思考就是指正确地推理，即从我们的观点中得出扎实的结论。我们需要通过准确可靠的观点进行逻辑推理，一步步得出结论。

**7. 完整**

在大多数情况下，深入全面地思考总是胜过肤浅表面地思考。

**8. 公正**

批判思维要求我们公正地思考，即保持开放中立的心态，不为偏见和成见所束缚。尽管很难实现，但基本的公正仍然是批判思维的一个重要特质。

## 三、批判性思维的作用

批判性思维之所以有益，有多种原因。它能够帮助学生更好地理解、形成和批评各种论证观点，以提升学业成绩。它能够帮助人们更好地解决问题、创造性地思考并清晰有效地表达自己的观点，以获取事业成功。它能减少在重要的个人决策上犯重大错误的可能性，还能通过提升公众决策质量，使个人从教育、社会和年龄原因导致的未经审视的假设、教条、偏见中解放出来，获得自由和权利，从而推动民主化进程。

冯林和张崴（2015）在其所著《批判与创意思考》一书中总结批判性思维的作用主要包括：

> **1. 提高思维能力**
>
> 批判性思维有助于思维清晰流畅，有助于我们进行观念的更新和做出正当合理的决定，还可以提高更多能力，包括观察力、推理能力、决策能力、分析能力、判断力和说服力。
>
> **2. 切实的自我评价**
>
> 在工作、学习和阅读过程中，我们有时高估自己的思考能力，认为自己的观点客观合理，对其他人的观点不以为然。当我们具有批判精神时，我们会头脑开放，大胆求真，有信心应付复杂的问题与计划，能清楚地评价自我，看待自我。
>
> **3. 提高信息获取能力**
>
> 批判性思维在信息社会具有独特的地位和重要作用。在信息化时代面对无数的信息选择，我们有可能陷入“信息消化不良”的状态，被浩如烟海的信息所淹没，不具备对各种媒体的信息进行辨别与区分的能力，不能抵制各种消极思想的影响，会被各种似是而非的解决方案所迷惑。
>
> **4. 提高适应未来社会的能力**
>
> 知识具有遗忘性、暂时性和发展性的特点。仅强调对信息知识的掌握是不够的，我们还需要获得知识的能力和更新知识的能力。批判性思维是一种求知和探索的能力，在终生学习中发挥长久的作用，提高我们适应社会的能力。

### 5. 提高创新思维意识和创新能力

批判性思维是培养高素质创新人才的关键，是创造性思维的动力和基础，没有批判就没有创造。我们只有运用批判思维，才能学会“反省的怀疑”“有根据的判断”，激发大胆的想象，提出新问题，探索和发现解决的方法。

## 四、批判性思维者与非批判性思维者的对比

人们由于所处的环境或所受的教育不同，他们的批判性思维水平也有所不同。大体来说，批判性思维可以分为三个层次，在不同的思考者中有不同的表现，如图 1.1 所示。

| 优秀的批判性思考者 | 清晰、全面地看问题 |
| --- | --- |
| | 公正地分析、评估和反思 |
| | 准确把握思考过程中的逻辑性、相关性和充分性 |

⬆

| 一般水平的批判性思考者 | 有选择地进行判断和思考 |
| --- | --- |
| | 能够合理推断和判断事物 |
| | 有时存在片面立场或偏见 |

⬆

| 缺少批判性的思考者 | 无意义、逻辑混乱 |
| --- | --- |
| | 仅仅依赖直觉做出判断 |
| | 自我中心、偏见 |

图 1.1　批判性思维的三个层次

### 1. 缺少批判性的思考者

一个缺少批判性的思考者的显著特点是无法意识到自己思考中的重要错误，常常依赖直觉做出判断或重大决定，以自我为中心作为判断或思考的主要出发点，不明确自己思考的公正性和逻辑性，不知道该如何分析和评价自己的思考过程并做出合理的判断。

### 2. 一般水平的批判性思考者

一般水平的批判性思考者能够有选择地进行判断和思考，并合理地推断和判断事物，能够了解并认识缺乏批判性思考的危害，并进行适当的自我反思，但在质疑自己和他人的观点时，也会存在片面的立场和偏见。

### 3. 优秀的批判性思考者

一个优秀的批判性思考者需要关注自己思考过程中的隐含结构，能够注意到自己整个思考过程中的合理性，正确认识自己思考的优缺点，并进行重新审视和反思。

批判性思维者具有一系列不同于非批判性思维者的特征。其中最重要的几项包括：对于清晰、精确、准确以及其他标志着谨慎自律思考的思维标准有强烈的渴望；对误导批判性思维的因素很敏感，比如自我中心主义、一厢情愿思维及其他可能会妨碍理性思维的心理障碍；诚实并谦恭虚己；心态开放；有思维勇气；热爱真理；有思维毅力。

批判性思维者与非批判性思维者有鲜明的对比，如表1.3所示。妨碍批判性思维的主要因素包括自我中心主义、群体中心主义、无根据的假设、相对主义思维以及一厢情愿思维。

**表1.3　批判性思维者与非批判性思维者的对比**

| 批判性思维者 | 非批判性思维者 |
|---|---|
| 对于清晰、精确、准确及其他批判思维的标准有强烈的渴望 | 经常以不清晰、不精确和不准确的方式思考 |
| 对于自我中心主义、群体中心主义、一厢情愿及其他可能会妨碍批判性思维的障碍很敏感 | 经常陷入自我中心主义、群体中心主义、相对主义、无根据的假设和一厢情愿的思维方式中 |
| 在理解、分析、评估论证和观点时很有技巧 | 经常误解或不正确地评估论证和观点 |
| 有逻辑地推理，根据论据和数据得出恰当的结论 | 思考无逻辑，在论据和数据基础上得出毫无根据的结论 |
| 思维诚实，承认自己不知道的事，能认识到自己的局限性 | 假装比实际知道得多，忽视自己的局限性 |
| 对反对观点持开放态度，欢迎对观点和假设的批评 | 闭目塞听，排斥对观点和假设的批评 |
| 观点建立在事实和证据的基础上，而非基于个人喜好或个人利益 | 观点经常建立在个人喜好和个人利益的基础上 |
| 能意识到那些影响其世界观的偏见和先入之见 | 对自己的偏见和先入之见缺乏认识 |
| 独立思考，不害怕与集体意见的分歧 | 经常陷入“集体思考”模式，不加批判地认同群体的观点和价值观 |
| 能一针见血，不被细节分散注意力 | 容易转移注意力，无法看到问题的本质 |
| 有思维勇气来面对和客观分析不同的观念，哪怕它挑战了自己最根本的信念 | 害怕和抗拒那些挑战自身最根本信念的观念 |
| 追求真理，对事物存在广泛的好奇心 | 通常对真理相对冷淡，缺乏好奇心 |
| 有思维毅力，即便存在阻力或困难，也要坚持不懈地刨根究底或探寻真相 | 面对阻力或困难时，通常不会选择坚持 |

自我中心主义是以自我为中心来看待现实的倾向。自我中心主义的两种常见形式是利己主义思维（接受和维护符合自身利益的观点的倾向）以及优越感偏误（高估自己的倾向）。

群体中心主义是指以群体为中心的思维方式。两种常见的形式是群体偏见（认为自己所在的群体或文化比其他群体或文化优越的倾向）和盲从因袭（通常是不假思索地服从权威或集体的行为准则和理念）。

无根据的假设是指没有充分理由而想当然的看法。无根据的假设通常表现为刻板印象。刻板印象是指对某一群体的笼统概括，将同一特征加诸这一群体的所有成员之上，而不考虑这种概括是否准确。

相对主义思维是指建立在下面这一理念基础上的思维：因为真理只是一种观点，因此没有“客观”或“绝对”的真理。相对主义最常见的表现形式是道德相对主义，即一件事是否合乎道德，取决于不同的个人（道德主观主义）或不同的文化（道德文化相对主义）。

一厢情愿思维是指出于心理安慰而相信某事，而非有足够理由认为事实的确如此。

# 第五节 批判性思维与逻辑

## 一、形式逻辑与非形式逻辑

所谓逻辑是思维的规律,逻辑学是关于思维规律的学说,思维规律是思维内容与思维"形式"的统一。所以,"形式"逻辑也是从内容和"形式"的统一上来研究思维规律的学说,因而绝不是什么纯"形式"的逻辑。

形式逻辑也叫普通逻辑,是研究思维形式及其规律的科学,狭义指演绎逻辑,广义还包括归纳逻辑。形式逻辑是一门工具性质的科学,是人们认识事物、表达思想时经常运用的一种必要的逻辑工具。形式逻辑的对象是事物的质,形式逻辑靠概念、判断、推理(主要包括归纳推理与演绎推理)反映事物的质。

形式逻辑已经历了2000多年的历史,19世纪中叶以前的形式逻辑主要是传统逻辑,19世纪中叶以后发展起来的现代形式逻辑,通常称为数理逻辑,也称为符号逻辑。

形式逻辑在欧洲的创始人是古希腊的亚里士多德。亚里士多德建立了第一个逻辑系统,即三段论理论。其论述形式逻辑的代表作有《形而上学》和《工具论》。在中国,形式逻辑的产生基本与欧洲同时。代表学派有墨家与儒家的荀子。墨家对于逻辑的认识集中在《墨经》中,该书对于逻辑已有了系统地论述。例如它区分了充分条件与必要条件,提出"大故(充分必要条件),有之必然,无之必不然"与"小故(必要条件),有之不必然,无之必不然"。

非形式逻辑亦称"逻辑思维"。泛指能够用于分析、评估和改进出现于人际交流、广告、政治辩论、法庭辩论以及报纸、电视、因特网等大众媒体之中的非形式推理和论证的逻辑理论。兴起于20世纪70年代的北美,奠基人为拉尔夫·约翰逊(Ralph H. Johnson)和安东尼·布莱尔(J. Anthony Blair)。他们于1977年合著的《逻辑的自我辩护》是较早强调非形式推理的具体例子的导论性著作。1978年由他们组织的首届国际非形式逻辑研讨会以及所编辑的《非形式逻辑通讯》(后改名为《非形式逻辑》)标志着非形式逻辑作为一门独立学科的正式诞生。

拉尔夫·约翰逊和安东尼·布莱尔提出:"非形式逻辑是逻辑的一个分支,其任务是讲述日常生活中分析、解释、评价、批评和论证建构的非形式标准、尺度和程序"。这个定义被认为是当今流行的定义。他们认为,非形式逻辑之所以是"非形式的",这主要是因为,它不依赖于形式演绎逻辑的主要分析工具——逻辑形式的概念,也不依赖于形式演绎逻辑的主要评价功能——有效性。

20世纪80年代美国经历了批判性思维运动,高等教育改革中一个重要的趋向是,要找到在不牺牲内容的情况下适当强调过程的方式。非形式逻辑可以为这个新方向做出贡献。最为典型的是大学层次上展开的"基于非形式逻辑的批判性思维"(informal logic-based critical thinking)教学。批判性思维涉及信念的证明,而广义论证是提供这种证明的工具。为教授批判性思维而设计的大多数教科书和课程旨在发展分析论证、揭示推理错误和构建令人信服的论证方面的技能。非形式逻辑取向的批判性思维教科书共有的一个观念是由图尔敏等人的《逻辑导论》(1979)首先表达出来的:推理是“一种批判地检验思想(ideas)的方式”。基于非形式逻辑的批判性思维教科书和课程集中于论证的结构特征、论证评估的标准和谬误。因而,在某种程度上,教授“批判性思维”几乎变成了应用非形式逻辑之方法的同义语。

## 二、中国近代逻辑研究

我国学者冯契认为,“通过不同意见的争论、对立观点的斗争,达到明辨是非,解决问题,变不知为知,这是思维或论辩的矛盾运动”。显然,他把“论辩”与“思维”视为极其相近的甚至等同的概念,实际上在强调思维总是论辩性的。他还主张,“人们进行论辩、论战,是为了辨明是非、获得真理”。

我国学者对逻辑的研究也为批判性思维教育的发展奠定了基础。随着民国时期越来越多的教育交换项目学生进入西方教育领域,西方的知识体系和教育体系也逐渐传入了中国。从事逻辑研究的学者并做出卓越贡献的主要有冯友兰、金岳霖和冯契,如表1.4所示。

**表1.4　中国哲学研究学者及成就**

| 学　者 | 成　就 |
| --- | --- |
| 冯友兰<br>(1895—1990)<br>哲学家、教育家 | 清华大学教授、哲学系主任、文学院院长。冯友兰著有《中国哲学史》《中国哲学简史》《中国哲学史新编》《贞元六书》等。他对中国现当代学界乃至国外学界影响深远,称誉为“现代新儒家” |
| 金岳霖<br>(1895—1984)<br>哲学家 | 金岳霖把西方哲学与中国哲学相结合,建立了独特的哲学体系。著有《论道》《逻辑》和《知识论》。金岳霖是第一个运用西方哲学的方法,融会中国哲学的精神,建立自己哲学体系的中国哲学家。金岳霖最早把现代逻辑系统地介绍到中国;他深入研究了逻辑哲学,并把逻辑分析方法应用于哲学研究,取得了显著的成绩 |
| 冯契<br>(1915—1995)<br>哲学家、教育家 | 冯契1935年考入清华大学哲学系,师从金岳霖、冯友兰。1950年成为华东师范大学哲学系创始人。代表作有“智慧说三篇”(《认识世界和认识自己》《逻辑思维的辩证法》《人的自由和真善美》)和“哲学史两种”(《中国古代哲学的逻辑发展》《中国近代哲学的革命进程》) |

# 本章附录

## 批判性思维领域里程碑人物介绍

### 1. 苏格拉底

苏格拉底(Socrates,公元前469年—公元前399年),是古希腊著名的思想家、哲学家、教育家、公民陪审员。苏格拉底和他的学生柏拉图以及柏拉图的学生亚里士多德并称为“古希腊三贤”,被后人广泛地认为是西方哲学的奠基者。苏格拉底是古希腊时期哲学思想的源泉,不断地给当时的希腊注入新鲜的思想力量。在教育方面他坚持认为治国人才必须受过良好的教育,主张通过教育来培养治国人才。

苏格拉底倡导的与人交流讨论的方法统称为“苏格拉底方法”(The Socratic Method)。苏格拉底和人讨论有关问题时,常用诘问法或反诘法(Socratic Irony),也就是被后人称为“苏格拉底问答法”(Socratic Questioning)或“产婆法”,即“为知识接生的艺术”(The art of intellectual midwifery)。“苏格拉底方法”对西方的思维方式有极为重要的贡献。

苏格拉底在晚年的时候,被雅典法庭以侮辱雅典神、引进新神论和腐蚀雅典青年思想之罪名判处死刑。身为雅典的公民,据记载,尽管苏格拉底曾获得逃亡的机会,但他最后仍选择饮下毒槿汁而死,因为他认为逃亡只会进一步破坏雅典法律的权威。

苏格拉底无论是生前还是死后,都有一大批狂热的崇拜者和一大批激烈的反对者。他一生没留下任何著作,他的行为和学说,主要是通过他的学生柏拉图和色诺芬著作中的记载流传下来。

**2. 亚里士多德**

亚里士多德(Aristotle,公元前384—前322),古代先哲,古希腊人,世界古代史上伟大的哲学家、科学家和教育家之一,堪称希腊哲学的集大成者。他是柏拉图的学生,亚历山大的老师。

亚里士多德在哲学上最大的贡献在于创立了形式逻辑这一重要分支学科。逻辑思维是亚里士多德在众多领域建树卓越的支柱,这种思维方式自始至终贯穿于他的研究、统计和思考之中。他在研究方法上,习惯于对过去和同时代的理论持批判态度,提出并探讨理论上的盲点,使用演绎法推理,用三段论的形式论证。

亚里士多德著作丰厚,涵盖多个领域。

①逻辑学:《范畴篇》《解释篇》《前分析篇》《后分析篇》《论题篇》《辩谬篇》,以上六篇逻辑学著作总称《工具论》。

②形而上学:《形而上学》。

③自然哲学:《物理学》《气象学》《论天》《论生灭》。

④论动物:《动物志》《动物之构造》《动物之运动》《动物之行进》《动物之生殖》《尼各马可伦理学》《158城邦制》。

⑤论人:《论灵魂》《论感觉和被感觉的》《论记忆》《论睡眠》《论梦》《论睡眠中的预兆》《论生命的长短》《论青年老年及死亡》《论呼吸》《论气息》。

⑥伦理学和政治学:《尼各马可伦理学》《优台谟伦理学》《政治学》《雅典政制》《大伦理学》《欧代米亚伦理学》《论美德和邪恶》《经济学》。

⑦美学著作:《修辞学》《诗学》《亚历山大修辞学》。

(资料来源:百度百科)

**3. 约翰·杜威**

约翰·杜威(John Dewey,1859—1952),美国著名哲学家、教育家、心理学家,实用主义的集大成者,也是机能主义心理学和现代教育学的创始人之一。

杜威认为,好的教学必须能唤起儿童的思维。所谓思维,就是明智的学习方法,或者说,教学过程中明智的经验方法。在他看来,如果没有思维,那就不可能产生有意义的经验。因此,学校必须要提供可以引起思维的经验的情境。

一个思维过程具体分成五个步骤,通称"思维五步",一是疑难的情境;二是确定疑难的所在;三是提出解决疑难的各种假设;四是对这些假设进行推断;五是验证或修改假设。杜威指出,这五个步骤的顺序并不是固定的。

(资料来源:百度百科)

**4. 卡尔·波普**

卡尔·波普(SirKarl Raimund Popper,1902—1994)是当代西方最有影响的哲学家之一。他原籍奥地利,1902 年 7 月 28 日出生于奥地利维也纳,父母都是犹太人。第二次世界大战期间,他为逃避纳粹迫害移居英国。波普研究的范围甚广,涉及科学方法论、科学哲学、社会哲学、逻辑学等。他 1934 年完成的《科学研究的逻辑》或称《科学发现的逻辑》一书标志着西方科学哲学最重要的学派——批判理性主义的形成。他的另一部著作《开放社会及其敌人》(1945 年)是其社会哲学方面的代表作,出版后轰动了西方哲学界和政治学界。1950 年,他应邀到美国哈佛大学讲学时,结识了爱因斯坦,并深得爱因斯坦的赞扬。由于他在学术上的成就,1965 年被英国皇室授予爵士称号。他还是英国科学院和美国艺术科学院的院士。他是 20 世纪批判极权主义最重要的人物,也是这一科学空前发展世纪之最重要的科学哲学家。

(资料来源:百度百科)

**5. 斯蒂芬·图尔敏**

斯蒂芬·图尔敏(Stephen Toulmin,1922—2009)英国哲学家、作家、教育家,生于伦敦,毕业于剑桥大学。曾在牛津大学、墨尔本大学、利兹大学、布兰迪斯大学、密歇根州立大学、芝加哥大学和南加利福尼亚大学哲学系任教。最重要的著作为 1958 年《论证的使用》(*The Uses of Argument*)和 1972 年《人类认知:概念的集体使用与演变》(*Human Understanding:The Collective Use and Evolution of Concepts*)。

斯蒂芬·图尔敏是维特根斯坦的学生,是非形式逻辑最重要的理论先驱,现代论证理论的创始人。他反对过于抽象、强调绝对真理的形式逻辑,更多关注逻辑在人类真实情境中如何运用。他提出一个推理模型——图尔敏论证模型(The Toulmin Model of Argumentation)。这个模型包含六个相互关联的构成成分:"数据"(data/grounds)、"佐证"(backing)、"理据"(warrant)、"限定词"(qualifier)、"例外"(rebuttal)和"主张"(claim)。

(资料来源:百度百科)

**6. 罗伯特·恩尼斯**

罗伯特·恩尼斯(Robert H. Ennis,1927—),美国伊利诺伊大学(University of Illinois)荣誉退休教授,非形式逻辑与批判性思维协会(AILACT)前任主席,伊利诺伊批判性思维项目前任主任,*Inquiry* 杂志顾问委员会委员,*Informal Logic* 杂志编委会委员,*Teaching Philosophy* 杂志编委会委员,国际公认的批判性思维权威,被尊为美国批判性思维运动的开拓者。其著作包括《批判性思维》(1996)、《评估批判性思维》(1989)、《教学中的逻辑》(1969)、《普通逻辑》(1969)等,发表专业学术文章达 60 余篇,并编著有 4 项批判性思维标准测试。

（资料来源：批判性思维：反思与展望［美］罗伯特·恩尼斯（著），仲海霞（译），工业和信息化教育 2014 年 3 月刊 P1）

**7. 查尔斯·汉布林**

查尔斯·汉布林（Charles L. Hamblin，1922—1985）是澳大利亚哲学家、计算机科学家。20 世纪 60 年代以前，汉布林主要从事计算机科学和人工智能的研究。从 60 年代开始，他开始转向哲学研究，特别是论证哲学（the philosophy of argumentation）的研究，撰写了两部非常有影响的著作。其一是《谬误》（*Fallacies*，1970），这是一部集中研究古典的逻辑谬误的专著，通过考察自亚里士多德以来主要学者在谬误问题上的见解，揭示传统谬误理论的不足。在书中，汉布林通过对谬误史的回溯和对传统谬误学说的批评，提出了自己的谬误处理方法——形式论辩术（formal dialectic），极大地刺激和推动了后来的谬误研究，对当代谬误理论的发展产生了重大影响。

（资料来源：百度百科）

**8. 道格拉斯·沃尔顿**

道格拉斯·沃尔顿（Douglas N. Walton，1942—），博士（多伦多大学，1972），现任温莎大学推理、论辩与修辞研究中心（CRRAR）杰出研究员。2008—2013 任温莎大学 Assumption 学院论辩研究教授。美国西北大学、亚利桑那大学及瑞士卢加诺大学客座教授。剑桥大学出版社批判性论辩系列教材主编之一，2011 年受聘为意大利佛罗伦萨欧盟大学研究院（EUI）布罗代尔研究员，期间与博洛尼亚大学法学院和欧盟大学研究院 Giovanni Sartor 教授合作，从事法律论辩研究。2010 年受聘担任《法律与人工智能》编委会委员。2009 年被授予温莎大学艺术与社会科学学院院长特别成就奖，以表彰他在学术研究领域的杰出贡献。沃尔顿的主要著作包括《品性证据：一种设证法理论》《批判性论证基本原理》《论证中的相关性》《模糊性产生的谬误》《论证中的情感》等。

（资料来源：沃尔顿论辩理论的修辞学维度——道格拉斯·沃尔顿教授访谈录［J］.《当代修辞学》2019 年 第 1 期|汪建峰（访谈/整理）. P15）

**9. 范·爱默伦**

范·爱默伦教授（Frans H. van Eemeren，1946—）为荷兰阿姆斯特丹大学荣誉教授，国际论辩研究院院长、国际论辩研究学会（ISSA）主席，语用论辩学创始人，因其卓越的学术贡献，荷兰王室于 2011 年授予其“皇家骑士”勋章。他与已故的罗勃·荷罗顿道斯特合作提出了语用论辩术，创立了论辩研究的语用论辩学派，习惯上被论辩研究学界称为“阿姆斯特丹学派”。这种研究论辩的新方法系统地结合哲学论辩思想和对话逻辑来分析对话中所使用的语言。由于这个理论的发展，阿姆斯特丹成为国际研究论辩理论的中心。

范·爱默伦代表著作有：《论辩性对话中的言语行为》（1984）首次提出了语用论辩术的基本思想；《论辩、交际与谬误》（1992）提供了精致化的语用论辩谬误理论；《论辩性对话的重构》（1993）介绍了用语用论辩方法系统重构论辩性对话的方法；《论辩理论基础——历史背景与当代发展》（1996）对论辩理论研究的全面回顾；《论辩—通向批判性思维之路》（原名：《论辩——分析、评价与表达》（2002）从语用论辩术角度，培养学生的论辩能力与批判性思维能力的教科书;《论辩与修辞》(2002)开始研究论辩与修辞关系,结合修辞语用方法重构论辩对话;《系统的论辩理论——从语用论辩角度看》(2004)是语用论辩术的结论性著作,系统总结了语用论辩术20多年来研究的成果。2014年,作为国际论辩研究会(ISSA)主席范·爱默伦与其他学者共同编写的《论证理论手册》(*Handbook of Argumentation Theory*),反映了当代论证理论研究的国际走向。

(资料来源:《论辩——通向批判性思维之路》*Argumentation—A Guide to Critical Thinking*"作者简介". 熊明辉,赵艺译,新世界出版社)

**10. 彼得·范西昂**

彼得·范西昂(Peter A. Facione),美国密歇根州立大学哲学博士。他是美国批判性思维运动的主要代表人物之一,1990年国际批判性思维专家研究项目的领导者和最终的共识报告(The Delphi Report)的撰写人,著名的加利福尼亚测试的构造者和主持人。作为批判性思维领域的领军人物,彼得·范西昂先后发表150余部/篇关于批判性思维的论文、著作、案例研究、试题,包括《加利福尼亚批判性思维技能测试》《加利福尼亚批判性思维习性问卷》、教材《批判性思考》(与Carol Gittens合著)、著作《决策中的思考与推理》(与Noreen Facione合著)等。

(资料来源:都建颖,李琼. 批判性思维:它是什么,为何重要[J]. 工业和信息化教育,2015年第7期10-27,41)

**11. 理查·保罗**

理查·保罗(Richard Paul)是在国际上领导批判性思维运动的灵魂人物,担任批判性思维中心的研究部主任,以及卓越批判性思维国家委员会(National Council For Excellence in Critical Thinking)的主席。针对批判性思维,著有200多篇文章及7本书籍,直至目前保罗博士已经举办过数百场批判性思维研习会。曾为美国公共电视台(PBS)录制了8集批判性思维的电视节目。有关他对批判性思维的见解,还曾刊登于《纽约时报》《教育周刊》等主流媒体。

(资料来源:http://www.criticalthinking.org/pages/critical-thinking-testing-and-assessment/594)

**12. 琳达·艾德**

琳达·艾德(Linda Elder)是一位教育心理学家,教授大学心理学及批判性思维,她担任批判性思维基金会(The Foundation for Critical Thinking)主席以及批判性思维中心(center for critical thinking)的执行长。艾德博士将她的研究融合了思考与情绪、认知与情感之间的关系,深具原创性,并且针对批判性思维发展阶段,她发展了一个全新的理论。她著作及协助撰写了一系列关于批判性思维的文章,包括发刊于发展教育学期刊,批判性思维专栏。她还协助撰写了两本书,名为《批判性思维:主导个人学习与生活的工具》(*Critical Thinking:Tools for Taking Charge of Your Learning and Your Life*)和《批判性思维:掌握个人专业与生活的工具》(*Critical Thinking:Tools for Taking Charge of Your Professional and Personal Life*),是位有活力的演讲者。

(资料来源:http://www.criticalthinking.org/pages/critical-thinking-testing-and-assessment/594)

**13. 冯友兰**

冯友兰(1895—1990),中国当代著名哲学家、教育家。1918 年毕业于北京大学哲学系。1924 年,获美国哥伦比亚大学哲学博士学位,师从约翰·杜威。回国后,历任清华大学教授、哲学系主任、文学院院长,西南联合大学教授、文学院院长。著有《中国哲学史》《中国哲学简史》《中国哲学史新编》《贞元六书》等,这些著作成为 20 世纪中国学术的重要经典,对中国现当代学界乃至国外学界影响深远,称誉为“现代新儒家”。

(资料来源:百度百科)

**14. 金岳霖**

金岳霖(1895—1984),是第一个运用西方哲学的方法,融会中国哲学的精神,建立自己哲学体系的中国哲学家。金岳霖最早把现代逻辑系统地介绍到中国;他深入研究了逻辑哲学,并把逻辑分析方法应用于哲学研究,取得了显著的成绩。他把西方哲学与中国哲学相结合,建立了独特的哲学体系,著有《论道》《逻辑》和《知识论》。

(资料来源:百度百科)

**15. 冯契**

冯契(1915—1995),中国现当代著名哲学家与哲学史家。1935 年,冯契考入清华哲学系,师从金岳霖、冯友兰等中国现代哲学最有影响力的清华学派代表人物,1940 年在西南联大清华文科研究所完成硕士论文。1950 年初担任刚成立的华东师范大学哲学系创始人。他的中国哲学、西方哲学与马克思主义哲学的底蕴与造诣极深,创造性地建构了中西马融合的“智慧说”哲学思想体系,深刻揭示了中国哲学精神的特点,其哲学创慧反映了时代精神,其哲学成果提升了现当代中国哲学的水准。

冯契代表作有“智慧说三篇”——《认识世界和认识自己》《逻辑思维的辩证法》《人的自由和真善美》和“哲学史两种”——《中国古代哲学的逻辑发展》《中国近代哲学的革命进程》。

(资料来源:百度百科)

# 第二章　批判性思维能力的构想

## 第一节　对批判性思维能力的认识

许多学者认为本科生尤其是中国学生缺乏批判性思维，首先表现在他们缺少批判性思维气质。在当今多元化的社会理念中，需要学生去伪存真，具有辨别和正确选择的能力，以自己独立思维建立自己认识世界、解决问题的方法论。每个人都有自我实现的需要，批判性思维让人不断地反思、质疑、辩证、选择、归纳，从而促进人的全面发展。

批判性思维是一种能力，不仅包括善于批判的品质，也包含特定的技能。批判性思维基本由三方面构成：知识、意识和技巧。首先，批判性思维建立在对原有知识的理解和批判上，思考问题需要特定领域的知识，因此，知识是进行有效批判思考的先决条件。其次，批判性思维意识是指进行批判性思考的态度、倾向和意志，主要包括以下要素：独立自主，不人云亦云；充满自信，勇于面对困难；乐于思考，善于提问；不迷信权威，对于书本上的知识和专家学者的权威观点要有存疑的精神；头脑开放，开阔自己的眼界和知识面，善于接受各种有益的信息；尊重他人，允许有不同思想和观点的碰撞和共存，尊重他人的智力成果和思想。再者，批判思考常常是为了解决问题，恰当的思维技巧和策略包括比较、分类、分析、综合、归纳和演绎等。

武宏志的论文(2012)提到斯特赖布在其博士论文《批判性思维的历史和分析》中，通过考察1910—1992年的批判性思维文献，将批判性思维及其相关概念的意义、定义和描述史划分为4个阶段。

> 第一阶段：1910—1939年。杜威所倡导的以科学方法为基础的"反省性思维"是批判性思维运动发轫的标志。反省性思维是对任何信念或被假定的知识形式，根据其支持理由以及它所指向的进一步的结论，予以能动、持续和细致地思考，……包括自觉自愿地尽力在证据和合理性的坚固基础上确立信念。
>
> 第二阶段：1940—1961年。格拉泽(Edward M. Glaser)、拉塞尔(David H Russell)和史密斯(B. Othanel Smith)拓展了批判性思维一词的意义，将"陈述的审查"包含于其中。
>
> 第三阶段：1962—1979年。恩尼斯(Robert H. Ennis)、巴德门（Karl O. Budmen)、艾伦(R. R Allen)和罗蒂(Robert K. Rott)与丹吉洛(Edward D Angelo)狭义化了批判性思维的含义，将问题解决和科学方法排除在外，只包括陈述的评价。
>
> 第四阶段：1980—1992年。在恩尼斯、梅可派克(John E. McPeck)、西格尔(Harvey Siegel)和保罗(Richard W. Pau1)的定义中，批判性思维又被拓宽，包括

了问题解决的诸方面。恩尼斯修改并扩张了以前的定义——“以决定信什么或做什么为中心的合理的反省性思维”。保罗认为批判性思维最重要的方面是自律的、自主的思维,它体现适合于思维特殊方式或领域的那种思维的完善性;是显示精通心智技巧和能力的思维;在思维的过程中,为使自己的思维变得更好而对自己的思维进行思考的艺术。

人们基本上公认,解释批判性思维有3个主要视角——哲学的、心理学的和实用的视角。

哲学视角的主流是非形式逻辑或论证逻辑观点。批判性思维与论证逻辑在历史背景、社会功能、基本内容,甚至在词汇上,都有天然的联系,以致20世纪70年代在北美兴起的教育改革和逻辑学教学革新浪潮被称为“批判性思维与非形式逻辑运动”或“基于非形式逻辑的批判性思维”运动。事实上,论证逻辑在很大程度上被当作批判性思维的主要工具。

在北美,有大量批判性思维的大学课程采用论证分析的视角。

论证逻辑和批判性思维共用相当多的词汇,如假设、前提、理由、推理、论点、标准、相干性、可接受性、充分性、一致性、可信性、解释、歧义、含混、异议、支持、偏见、证明、矛盾、证据、区别,等等,说明论证逻辑是培养批判性思维技能和倾向的直接而有效的工具。

教育领域的实际工作者觉得,把批判性思维理解为规范的、程序的、技能的或过程的概念,常常忽视了思维的情感和行为的向度。对于发展应用批判性思维能力的自然倾向来说,相关语境中的知识、态度和心智习性是批判性思维教学中最为关键的方面。教育者相信,结合这个方面以后,将会更有效地实现批判性思维课程的目标。他们更加关心如何指导学习者成为批判性思维者,强调批判性思维得以发展的教育条件。所以,教育者对批判性思维的理解也被称为“实用的”视角。

## 第二节　批判性思维能力的两个维度

批判性思维能力的实质是指好的批判性思维既包括技能的维度,也包括气质的维度。进入20世纪90年代以来,尤其是《德尔菲报告》公布之后,学界普遍认可这两个维度,即:

批判性思维能力=习性(Disposition,Intellectual Traits)+技能(Skills)

### 一、恩尼斯:批判性思维的习性

恩尼斯把批判性思维的习性归纳为两个方面:

**1.关心自己的信念是真的、做的决定是有根据的**

①寻求对问题的替代性的假说、解释、结论、计划、来源,而且对它们持公正开放的态度。

②认真考虑不同的观点。

③力求了解全面。

④有多少证据得出多少结论。

⑤愿意运用批判性思维能力。

**2. 关心对自己和别人的立场的理解和表达是诚实、清楚的**

①寻求和倾听他人的观点和理由。

②清楚理解语言表达的含义,力求尽可能的精确性。

③确定、并紧紧围绕主要问题或结论。

④追求和提供理由。

⑤全面考虑整体情况。

⑥反思自己的基本信念。

## 二、恩尼斯:批判性思维的技能

恩尼斯总结出十二项批判性思维技能,包含以下内容:

①问题的判定。

②论证的分析。

③概念的澄清。

④证据来源的判别。

⑤观察报告的判断。

⑥演绎推理及其评估。

⑦归纳推理。

a. 构造和评估归纳推理。

b. 构造和评估解释性假说(最佳解释推理)。

⑧价值判断的构造和评估。

⑨词义的定义和评估。

⑩辨别在意义和推理中的隐含假设。

⑪做出和自己立场观点不同的假设推理。

⑫结合批判性习性和技能来做出决定和对此论证。

## 三、《德尔菲报告》(The Delphi Report)中批判性思维者的主要人格品质

《德尔菲报告》中批判性思维者的人格品质主要包括七大要素,每个要素中又包含多项内容,如图2.1和图2.2所示。

①追寻真理(Truth-seeking)。

②心智开放(Open-Mindedness)。

③分析性(Analyticity)。

④系统思考(Systematicity)。

⑤自信(Self-confidence)。

⑥好奇心(Inquisitiveness)。

⑦心智成熟(Maturity)。

图 2.1　《德尔菲报告》思维倾向要素

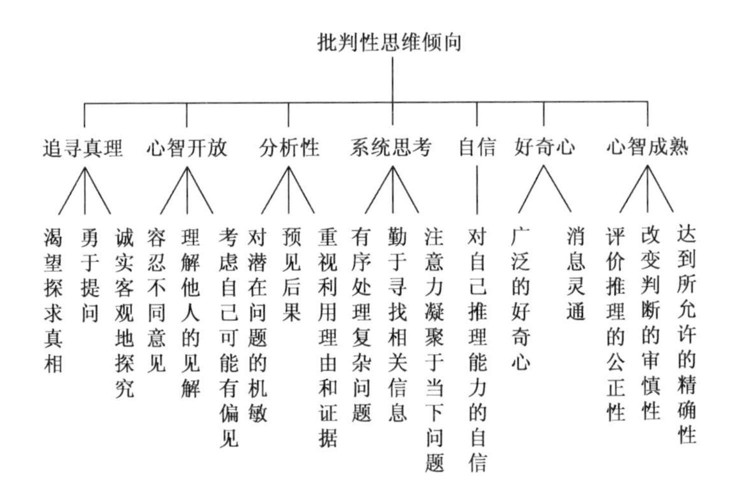


图 2.2　《德尔菲报告》思维倾向内容

## 四、《德尔菲报告》(The Delphi Report)批判思维能力

批判性思维教育的直接目标是培育好的批判性思维者，他们将能够整合批判性思维的各种技能并加以有效运用，能够增强在其他学科学习和日常生活中运用这些有力工具的自信心和自觉性，他们通常具备良好的判断力。优秀的批判性思维者的核心批判性思维技能包括：

①解释(Interpretation)。

②分析(Analysis)。

③评估(Evaluation)。

④推论(Inference)。

⑤说明(Explanation)。

⑥自我校准(Self-regulation)。

每一项思维技能指标包括次级指标，如图 2.3 和图 2.4 所示。

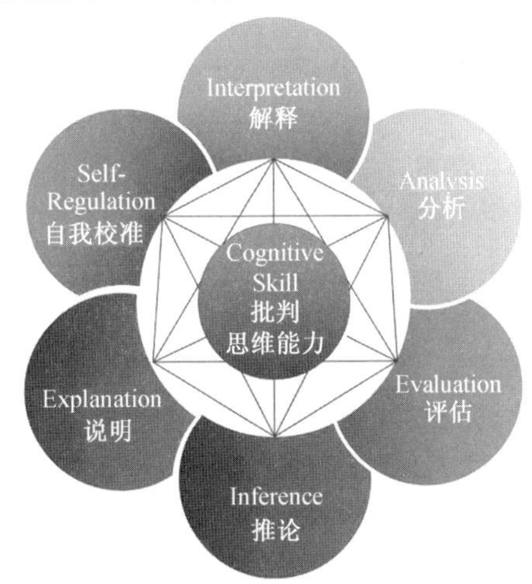


图 2.3 《德尔菲报告》批判思维能力要素

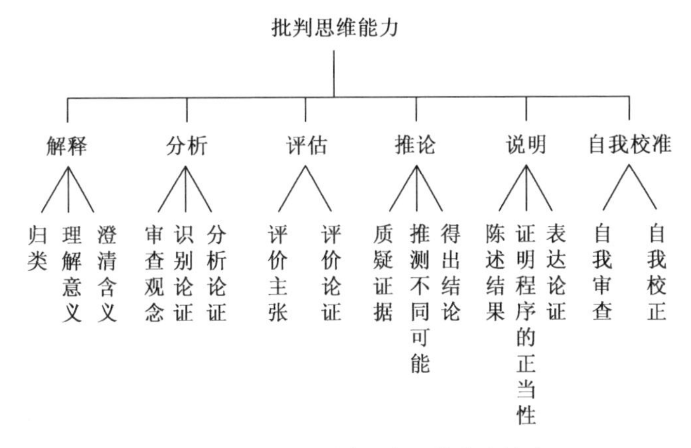


图 2.4 《德尔菲报告》批判思维能力构成

# 第三节 批判性思维技能的构成

## 一、《德尔菲报告》批判性思维技能构成

范西昂(Peter Facione)在《德尔菲报告》中将批判性思维技能分为六大类，核心批判性思维技能包括：解释(Interpretation)、分析(Analysis)、推论(Inference)、评估(Evaluation)、说明(Explanation)和自我校准(Self-Regulation)，如表 2.1 所示。

**1. 解释**

理解和表达变化多样的经验、情景、数据、事件、惯例、信念、规则、程序、标准的意义或重要性。

**表 2.1 《德尔菲报告》中批判性思维技能说明**

| 技 能 | 说 明 | 内 容 |
|---|---|---|
| 阐释/解释 Interpretation | 理解和阐述观念和论点的含义 | 辨认问题、目的、主题、观点;阐明、分类、概括文本的含义 |
| 分析 Analysis | 辨别观念和论点中各要素及其(推理)关系 | 辨认、分析观念、论证;识别相似性差异性;发现假设 |
| 推理/推论 Inference | 寻求证据、推理、猜测、预测、整合 | 寻求、质疑证据,推论结论,预测后果,构造假说,考虑多种可能性 |
| 评估 Evaluation | 评价数据、观点的可信性和推理的逻辑强弱 | 评估信息可信性;判别论证相关性、确定性;比较各种观点的优劣 |
| 解说/说明 Explanation | 全面清晰地表达和说明推理及其结果 | 表述结果;展示论证;说明和辩护其过程 |
| 自律/自我校准 Self-Regulation | 元认知——自我检查,自我修正 | 自我检测、分析、评估和修正自己的认知活动 |

(1)范畴归类。

使用范畴进行归类、区分,理解、描述信息的特征和意义。例如,识别一个问题并无偏见地定义其性质;确定对信息进行分类及亚分类的有用方法;使用特定的分类框架对数据、发现或意见进行分类等。

(2)解读意义。

觉察、关注和描述信息内容、情感表达、目的、社会意义、价值、见解、规则、程序、标准等。比如,察觉、描述一个人询问某个问题的目的;鉴别特定社会情景中一个特殊面部表情或手势的意义;洞悉辩论中反讽或修辞式询问的使用;解释使用特殊仪器获得的数据。

(3)澄清含义。

通过限定、描述、类比或比喻性的表达式来解释或澄清语词、观念、概念、陈述、行为、图画、数字、记号、图表、符号、规则、事件或仪式等依赖语境的、惯例的或构想的含义,消除混淆、模糊或歧义,或者为这种消除设计一个合理的程序。

**2. 分析**

辨识陈述中构想的和实际的推论关系,辨识问题、概念、描述或其他表达信念、判断、经验、理由、信息或意见的表征形式。

(1)审查理念。

确定各表达式在论证、推理或说服语境中扮演或企图扮演的角色;定义概念;比较概念或陈述;辨识难题或问题,并确定它们的组成部分,同时确定它们之间以及它们每一部分和整体之间的概念上的关系。

(2)发现论证。

确定陈述、描述、质疑或图表是否表达或企图表达一个(或一些)理由以支持或反对某个主张、意见或论点。

(3)分析论证。

对于那些意欲支持或反对某一主张之理由的表述,辨识它的以下几方面:

①主结论;

②支持主结论的前提或理由;

③深层前提或理由(用以支持主结论之前提的前提或理由);

④推理的其他未表达因素,如间接结论、未陈述假设或预设;

⑤论证的整个结构或推理链;

⑥审查那些并不打算作为所述推理的一部分,但作为背景性的,包括在表述整体之内的任何项目。

**3. 评估**

对陈述、说明人们的感知、经验、情景、判断、信念或意见的表征的可信性进行评价;评价陈述、描述、疑问或其他表征形式之间实际存在的或构想的推论关系的逻辑力量。

(1)评估主张。

认识那些与评估信息或意见源的可信度相关的因素;评估问题、信息、原则、规则或程序所指示的语境相关性;评估可接受性,即任何特定经验、情景、判断、信念或意见之表征的真或可能真的置信水平。

(2)评估论证。

判断一个论证前提的可接受性,能够证明该论证所表达的结论可被当作真的(演绎确定性)接受,还是当作很可能真的(归纳或合情论证)接受;预期或提出质疑、反对,并评估所涉及的这些点是否为被评估论证的重大弱点;确定一个论证是否依赖虚假或可疑的假设或预设,然后确定它们如何关键地影响论证的力量;判断合理的和谬误的推论;判断论证的前提和假设对于论证的可接受性的证明力;确定在哪个可能的范围内附加的信息能增强或削弱论证。

**4. 推论**

辨识和把握得出合理结论所需要的因素;形成猜想和假说;考虑相关信息并从数据、陈述、原则、证据、判断、信念、意见、概念、描述、问题或其他表征形式导出逻辑推断。

(1)寻求证据。

尤其要了解我们所需要的支持性前提,并且谋划寻求和汇集可能提供这种支持性信息的策略;一般地,需要对与决定某个选择、问题、难题、理论、假说或陈述的相对优点、可接受性或合理性相关的那些信息做出判断,确定获得这些信息的合理探查策略。比如,当试图发展支持某人观点的说服性论证时,要判断有用的背景信息有哪些,并形成一个计划,对有关信息是否可利用的问题给出一个清晰回答;在断定某些缺失的信息对于决定某一观点是否比相竞争的观点更合理有密切关系之后,要筹划对这些信息的搜索,揭示这些信息是否可利用。

(2)推测选择。

阐明解决问题的多种选择,假定关于某一问题的一系列推测,设计关于事项的可选择假说,发展达至目标的各种计划;描述预见并设计决策、立场、政策、理论或信念的可能后果的排序。

(3)得出结论。

应用合适的推论模式,决定在给定的事务或问题上一个人应采取什么立场、看法或观点;对一个陈述、描述、问题或前提集合,以恰当的逻辑力等级得出推论关系以及它们所支持、担保、蕴涵或推出的结果或假设;成功地使用推理的各种形式,确定一些可能的结论得到最强的担保、得到手头证据的最强支持,确定哪个应被拒斥,或依据给定的信息应被视为较不合理。

**5. 说明**

陈述推理的结果;用该结果所基于的证据的、概念的、方法论的、标准的和语境的相关术语证明推理是正当的;以使人信服的论证形式呈现推理。

(1)陈述结果。

对推理活动结果予以精确陈述、描述或表征,以便分析、评估、根据那些结果推论或进行监控。

(2)证明程序的正当性。

表述用于形成解释、分析、评估或推论的证据的、概念的、方法论的、标准的和语境的考虑,以便能精确地记录、评估、描述、向自己或他人证明那些过程是正当的,或者以便补救在执行这些过程的一般路线中觉察到的不足。例如,在从事一个耗时而困难的问题或科学程序时,保持记录探究的进程和步骤;对为了数据分析的目的所选择的特殊统计试验进行说明;陈述在评估一篇文献时所使用的标准;当概念的澄清对推进给定问题的研究至关重要的时候,说明如何理解关键概念;说明对使用的技术方法一直感到满意的先决条件;报告用于旨在以合理方式做出决策的策略;设计一个用于描绘证据的定量的或空间的信息图解。

(3)呈示论证。

给出接受某个主张的理由;应付那些就推论、分析或评估的判断之方法、概念阐释、证据或语境的恰当性所提出的异议。

**6. 自我校准**

自觉监控自己的认知活动、用于那些活动中的元素和得出的结果,特别将分析和评估技能应用于自己的推论性判断,以质疑、证实、确认或校正自己的推理或结果。

(1)自我审查。

反省自己的推理并校验产生的结果及其应用,反省对认知技能的运用;对自己的意见和坚持它们的理由做出客观、深思的元认知评价;判断自己的思维在多大程度上受到知识不足或老套、偏见、情感以及其他任何压制一个人的客观性或理性的因素的影响;反省自己的动机、价值、态度和利益,以确定已尽力避免了偏见,做到了思想公正、透彻、客观、尊崇真理和合理性,而且在将来的分析、解释、评估、推论或表述中也是理性的。

(2)自我校正。

自我审查、揭露错误或不足,如果可能,设计补救或校正那些错误及其原因的合理程序。

## 二、"剑桥评价"批判性思维技能构成

"剑桥评价"(Cambridge Assessment)认为批判性思维作为一个学科(Academic Discipline),其独特性在于明确地以涉及理性思考的过程为中心。这些过程包括:分析论证,判断信息的相干性和重要性,评估主张、推论、论证和说明,构建清晰和融贯的论证,形成有充分理由的判断和决定,如图2.5所示。理性思考也要求思想开放、批判地对待自己和他人的思维。与此定义匹配的批判性思维技能或过程由5大类技能及其相关子技能构成,见表2.2、表2.3、表2.4、表2.5、表2.6。

批判性思维技能
- 1. 分析
  - (1)辨识和使用推理的基本专业术语
  - (2)辨识论证和说明
  - (2)辨识不同类型的推理
  - (4)剖析论证
  - (5)归类一个论证的组成部分并确认它的结构
  - (6)辨识未陈述的假设
  - (7)澄清意义
- 2. 评估
  - (1)判断相干性
  - (2)判断充分性
  - (3)判断重要性
  - (4)评价可信性
  - (5)评价似真性
  - (6)评价相似性
  - (7)探查推理中的错误
  - (8)评价论证中推理的正确性
  - (9)考虑进一步的证据对论证的影响
- 3. 推论
  - (1)考虑陈述、论点、原则、假说和推测的含意
  - (2)得出恰当的结论
- 4. 综合构建
  - (1)挑选与论证相关的材料
  - (2)构建一个融贯和相干的论证或者反论证
  - (3)推进论证
  - (4)形成有充分理由的判断
  - (5)回应两难
  - (6)做出和证明理性决策
- 5. 自我反省和自我校正
  - (1)质疑自己的先入之见
  - (2)认真而持续地评估自己的推理

**图2.5　"剑桥评价"批判性思维技能构成**

表 2.2　分析

| | |
|---|---|
| ①辨识和使用推理的基本专业术语 | 例如,论证、理由、结论、类比、推论、假设、缺陷。这个技能为大多数批判性思维技能奠定基础 |
| ②辨识论证和说明 | 能区分论证和非论证,论证和说明 |
| ③辨识不同类型的推理 | 辨识所使用的各种类型的理由如常识、统计、条件陈述、科学数据、伦理原则等的论证。更为高级的辨识包括区别论证的不同形式,比如演绎证明、假设性推理、归谬法等 |
| ④剖析论证 | 提取和分离相干与不相干的材料,例如,修辞性、背景性材料,确认可能作为论证的组成部分的重要陈述 |
| ⑤归类一个论证的组成部分并确认它的结构 | 辨识一个论证的各部分如证据、例证、理由及其作用。剖析论证和对组成部分进行归类常常并行,再三反复,它们是单独的子技能 |
| ⑥辨识未陈述的假设 | 寻找对论证必要但未明确表达的东西,比如事实、信念和原则 |
| ⑦澄清意义 | 为了正确地推理或判断推理的正确性而探查、避免和消除歧义。消除词语、短语或观念表达式意义的混淆,这种混淆可能改变论证的力量或效能 |

表 2.3　评估

| | |
|---|---|
| ①判断相关性 | 这个过程不只是简单判断相关与不相关。它需要判断一个陈述或证据对一个特殊解释或结论的相关性程度 |
| ②判断充分性 | 决定是否有充分的证据支持一个结论。辨识必要和充分条件的差异 |
| ③判断重要性 | 这需要判断与结论和论证有关的证据的重要性程度 |
| ④评价可信性 | 评价与标准相关的证据来源的可信性,比如专门技术、进一步的证据或冲突、偏见以及那些可能妨碍观察、判断或报告的因素 |
| ⑤评价似真性 | 与主张相联系,要评价一个主张为真的可能性,即"这种事情是可能要发生的吗?"与说明相联系,要评价给出的说明是正确说明的可能性,例如,通过考虑不同的备择说明来评价这种可能性。这常常可能在评价论证中扮演重要角色 |
| ⑥评价相似性 | 判断被比较的两个事物是充分相像的,以使得该比较有助于澄清和加强一个论证 |
| ⑦探查推理中的错误 | 探查推理中的错误包括论证中的缺陷、某些常见谬误、根据词语的、数字的、画面的和图表的等多种来源所包括的信息进行不正确的推论,以及诸如不相干的诉求大众的不正当手法 |
| ⑧评价论证中推理的正确性 | 就结论如何较好地得到整个论证的支持或证明,做出一个总体判断。这包括考虑任何个别陈述或理由的真或似真性,以及推理的有效性即理由在何种程度上支持结论。评价方法应该适合于所评价的论证的类型,比如演绎证明、因果推理、试图排除合理怀疑的证明、试图基于证据的平衡确立可能性 |
| ⑨考虑进一步的证据对论证的影响 | 判断何种程度上进一步的证据增强或削弱一个论证。它可能挑战、支持、补充论证,或者与证据、理由或未陈述的假设相冲突 |

表 2.4　推论

| | |
|---|---|
| ①考虑陈述、论点、原则、假说和推测的含意 | 这要求关注各论证成分,包括其总体结论的宽广含意。这包括检验一个论证中的各个陈述之间的一致性与确证 |
| ②得出恰当的结论 | 这涉及确保所得出的结论被证明正当合理 |

表 2.5　综合/构建

| | |
|---|---|
| ①挑选与论证相关的材料 | 收集和整理合适和充分的证据 |
| ②构建一个融贯和相干的论证或者反论证 | 使用有关论证结构的知识构建自己的论证 |
| ③推进论证 | 扩展一个已有的论证,构建改进论证的新推理路线 |
| ④形成有充分理由的判断 | 在确实性只得到不充分证据的情境中,达成认真考虑过的、更准确的判断。这涉及应用所有相关的批判性思维技能 |
| ⑤回应两难 | 此技能应用于这样的情境:为了对一个难题做出回应,必须采取某行动,但任何所采取的行动都将有一个不合意的后果。它包括辨识竞争的行动路线的后果以及努力在它们之间做出判断 |
| ⑥做出和证明理性决策 | 一旦应用相关的批判性思维技能得出一个结论,就决定最佳行动路线 |

表 2.6　自我反省和自我校正

| | |
|---|---|
| ①质疑自己的先入之见 | 获得审查和评估自己先入之见的意识,并为消除它们做好准备 |
| ②认真而持续地评估自己的推理 | 为了使自己的推理更为正确,将上述所及全部应用到自己身上 |

# 第四节　批判思维的层次

从教育的角度来看,批判性思维又可以分为两个层次:

## 一、能力层次(Skillsets)

批判性思维能力不是指学科知识,而是一种超越学科,或是说适用于所有学科的一种思维能力,也称为可迁徙能力(Transferable Skills)。这种能力与形式逻辑和非形式逻辑以及统计推断有关。批判性思维的能力层次是可训练的。在国内,讲授批判性思维课程教师的学科背景不少是逻辑学。批判性思维的教科书也大多围绕形式逻辑和非形式逻辑展开,也包括统计学内容。

2018 年中国高考全国 II 卷中的作文题,就是一个测试批判性思维能力的题目。

题目:根据以下材料写一篇作文。“二次大战”期间,为了加强对战机的防护,英美军方调查了作战后幸存飞机上弹痕的分布,决定哪里弹痕多就加强哪里。然而统计学家沃德力排众议,指出更应该注意弹痕少的部位,因为这些部位受到重创的战机，很难有机会返航，而这部分数据被忽略了。事实证明，沃德是正确的。

这个题目中的统计学家沃德(Abraham Wald)是哥伦比亚大学统计学教授，他基于统计推断，提出了“幸存者偏差”(Survival Bias)的概念。那就是，我们只看到了那些能够飞回来的飞机，而看不到那些被击落而没能飞回来的飞机。所以，只是根据“幸存者”的数据做出的判断是不正确的。沃德的判断是典型的批判性思维，而且这种测试题超越传统的知识范围，上升到了思维阶段，应该说是有意义的。

### 二、心智层次(Mindsets)

批判性思维除了在能力层次之外还有一个更重要的层次，它是一种思维心态或思维习惯，称之为心智模式。这个层次超越能力，是一个价值观或价值取向的层次。批判性思维不仅是一种能力，也是一种价值取向，它的基础是意识，心智逐步发展，引导人们有意识地打破思维“禁区”，走出思维“误区”，探索思维“盲区”。

心理学家德韦克(Carol Dweck)的畅销书《看见成长的自己》(Mindset: The New Psychology of Success)中描述了两种心智模式：

(1)“不变形心智模式”(Fixed Mindsets)：固定思维。

(2)“成长型心智模式”(Growth Mindsets)：开放思维。

“成长型心智模式”要求的思维方式就是：想以前没有想过的问题，问之前没有怀疑过的命题。

批判性思维除了要求在逻辑上、统计上不犯错误之外，更重要的是要想别人没有想过的问题，问别人没有问过的问题，并且要刨根问底，探究深层次、根本性的原因。在批判性思维教育上，从能力层次入手是自然的，也是需要的。不过，这不是全部。批判性思维教育不仅要提高学生的思维能力，也要塑造学生的价值观和人生态度。

## 第五节 批判性思维的误区

人们对批判性思维通常存在三个基本误解。首先，有人认为批判性思维是否定性的，即本质上是发现缺陷。

然而，一个批判性思维者不仅仅是悬疑判断。质疑、批判是为了寻求理由或确保正当性，为我们的信念和行为进行理性奠基。因此，批判性思维也是建设性的。批判性思维使人们意识到，我们所处的世界中的价值、行为和社会结构的多样性。“批判性”(Critical)不是“批评”(Criticism)，因为“批评”总是否定的，而“批判性”则是指审辩式、思辨式的评判，多是建设性的。

其次，人们还以为，批判性思维作为一个控制的手段起作用，是有害的、应避免的东西。可是，批判性思维是个人自治的基础。一个自主的人是自我管理的(控制的)或自我指示的。自治使一个人较少依赖并因此较少受他人的规定、指示和影响。

还有一个误解是批判性思维并不包括或鼓励创造性。这源于一个错误观念：创造性本质上是打破规则。相反，创造性常常包括大量对规则的遵循。一个原创的洞察力恰恰需要知道如何在给定的情景中解释和应用规则。

智力是分析的、创造的和实用的信息加工过程三者的平衡。三种主要思维模式是:批判—分析性思维(Critical-Analytic Thinking)、创造—综合性思维(Creative-Synthetic Thinking)和实用—情景性思维(Practical-Contextual Thinking)。对大多数人来讲,创造性思维和批判性思维平衡发展是生活的要求。

因此,在运用批判性思维时,应遵循以下原则:

①怀疑,但不否定一切。

②开放,但不摇摆不定。

③分析,但不吹毛求疵。

④决断,但不顽固不化。

⑤评价,但不恶意臆断。

⑥有力,但不偏执自负。

# 第三章　批判性思维的培养途径

批判性思维是本科生适应学术发展和适应未来社会发展的必备能力，许多国际组织和国内外教学改革都将批判性思维列入课程目标之一。信息社会、全球化和可持续发展亟须培养提升大学生批判性思维能力。有研究表明我国大学生批判性思维能力与国家发展要求不相适应，存在高校开设批判性思维课程数量少、课程体系不完善、教学方法不到位等问题，为批判性思维课程开发与设计提出了现实需求。批判性思维作为一门通识课程在西方的开发和实施早已展开，西方国家，尤其是美国，在批判性思维课程体系化和多样化方面已有相对成熟的经验和做法。因此，我们可以吸收借鉴他们的课程开发模式和经验，结合我国高等教育创新人才培养目标，进行课程理念与目标、结构组织、内容体系、实施过程和评价等反面的研究。

欧美许多大学开设了一系列不同类别的通识教育课程(Liberal Arts)，大力推广批判性思维，这些课程的目标是为了：

①使学生的思维更开阔，尝试用不同角度看待问题，用多种方法解决问题；

②培养学生的理性思维能力，识别推理和逻辑过程中的错误，正确理解和评估各种学科领域的知识，理性地评判伦理道德或学术观点，并自我反省；

③在对各领域重大问题的理解、解决过程中，培养学生分析、判断、分类、综合的能力，辨别事物变化的模式；

④培养学生科学理性精神和思维能力，帮助学生掌握有效获取知识的方法和思维习惯，因为批判性思维是科学探索能力的重要组成部分。

在培养大学生批判性思维方面，国内大部分研究主要是对国外批判性思维理论和培养模式的介绍，理论层面的探讨较多。近年来，受到西方批判性思维研究的影响，大学生批判性思维的培养在国内教育界开始引起关注，一些大学开始尝试通过单独开设思维课程来培养大学生的批判性思维。例如，清华大学的“解决问题的策略和技能”选修课，北京航空航天大学的“大学学习指导”选修课等，这些课程以解决问题的策略为中心，从培养大学生的自我监控能力、学会如何思考入手，提高其思维水平。

## 第一节　批判性思维与教育学的结合

### 一、杜威“启发教学法”

杜威认为“教学法要素与思维要素是相同的”，他把教学分为五步：第一，学生要有一个真实经验的情境；第二，在这个情境内产生一个真实问题，作为思维刺激物；第三，要对所有知识资料从事必要的观察，解决这个问题；第四，他必须负责有条不紊地展开他所想解决问题的方法;第五,他要有机会通过应用检验他的观念,使这些观念意义明确,并且让他们自己发现它们是否有效。

根据杜威的理论,老师只是充当一个“旁观者”,使学生养成分析、推理、论证等批判性思维技能,培养学生好奇、积极、公正等批判性思维品格,逐步使其面对问题时能够冷静去处理和解决。风靡全世界的美国哈佛大学教授迈克尔·桑德尔开设的“公平与正义”,就是不断使用启发式教学引发学生对问题思考,提高学生批判性思维能力。

## 二、布鲁姆教育目标分类学

布鲁姆(B. S. Bloom)等人于1956年提出认知领域教育目标分类(A Taxonomy For Educational Objectives),首先把教育目标分为认知(Cognitive)、情感(Affective)和动作技能(Psychomotor)三个领域(Domains)。其中认知领域中的“分析、综合和评估”是高阶的认知,属于批判性思维(见图3.1)。

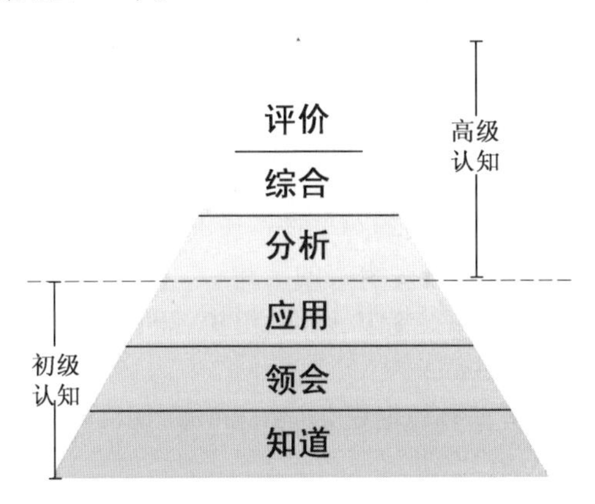


图3.1　布鲁姆教育目标——认知领域

**1. 认知领域(Cognitive Domain)**

认知领域的教育目标从低到高可以分为六个层次:知道(知识)——领会(理解)——应用——分析——综合——评价。

(1)知道(知识)(Knowledge)。

知道是指认识并记忆。这一层次所涉及的是具体知识或抽象知识的辨认,用一种非常接近于学生当初遇到的某种观念和现象时的形式,回想起这种观念或现象。例如,术语和事实;处理特殊问题的方法或途径的知识:序列、分类、标准、方法等;一般或抽象的知识:原理、理论、知识框架等。

相关概念有:回忆、记忆、识别、列表、定义、陈述、呈现等。

(2)领会(Comprehension)。

领会是指对事物的领会,但不要求深刻的领会,而是初步的,可能是肤浅的。领会过程包括转换,用自己的话或用与原先不同的表达方式来表达自己的思想;解释,对一项信息加以说明或概述;推断,估计将来的趋势或后果。

相关的概念有:说明、识别、描述、解释、区别、重述、归纳、比较等。

(3)应用(Application)。

应用是指对所学习的概念、法则、原理的运用。它要求在没有说明问题解决模式的情况下,学会正确地把抽象概念运用于适当的情况。这里所说的应用是初步的直接应用,而不是全面地、通过分析、综合地运用知识。

相关概念有:应用、论证、操作、实践、分类、举例说明、解决等。

(4)分析(Analysis)。

分析是指把材料分解成它的组成要素部分,从而使各概念间的相互关系更加明确,材料的组织结构更为清晰,详细地阐明基础理论和基本原理。

相关概念有:分析、检查、实验、组织、对比、比较、辨别、区别等。

(5)综合(Synthesis)。

综合是以分析为基础,全面加工已分解的各要素,并再次把它们按要求重新地组合成整体,以便综合地、创造性地解决问题。它涉及具有特色的表达,制定合理的计划和可实施的步骤,根据基本材料推出某种规律等活动。它强调特性与首创性,是高层次的要求。

相关概念有:组成、建立、设计、开发、计划、支持、系统化等。

(6)评价(Evaluation)。

评价是认知领域里教育目标的最高层次。这个层次的要求不是凭借直观的感受或观察的现象做出评判,而是理性的深刻的对事物本质的价值做出有说服力的判断,它综合内在与外在的资料、信息,做出符合客观事实的推断。

相关概念有:评价、估计、评论、鉴定、辩明、辩护、证明、预测、预言、支持等。

**2. 情感领域(Affective Domain)**

情感领域的教学目标,根据克拉斯沃尔(Krathwohl DR)(1964),分为5个层次:

(1)接受。

接受或注意指学习者愿意注意某特定的现象或刺激(选择性注意)。可分为以下三类:

①觉察:指学习者意识到某一情境、现象、对象或事态。与"知识"不同的是这种意识不一定能用语言来表达。例如,形成对服装、陈设、建筑物、城市设计、美好的艺术品等事物中的美感因素的意识。

②愿意接受:指学习者愿意承受某种特定刺激而不是去回避。例如,增强对人类需求和社会紧迫问题的敏感性。

③有控制的或有选择的注意:指自觉地或半自觉地从给定的各种刺激中选择一种作为注意的对象而排除其他的无关的刺激。例如,注意文学作品中记载的人类价值和对生活的判断。

(2)反应。

反应指学习者主动参与、积极反应、表示出较高的兴趣。它包括以下三类:

①默认的反应:指学习者对某种外在要求、刺激做出反应,但是还存在一定的被动性。例如,愿意遵守游戏的规则。

②愿意的反应:指学习者对于某项行为有了相当充分的责任感并自愿去做。例如,对自己的健康和保护他人健康承担责任。

③满意的反应:指学习者不仅自愿做某件事,而且在做了之后产生一种满意感。例如,从消遣性阅读中获得乐趣。

(3)评价或形成价值观念。

价值评价是指学习者确认某种事物、现象或行为是有价值的,学习者将外在价值变为他自己的价值标准,形成了某种价值观、信念,并以此来指引他的行为。其包括三类:

①价值的接受,即接受某种价值。例如,始终渴望形成良好的演讲和写作的能力。

②对某一价值的偏好指不仅学习者接受某种价值,而且这种价值驱使着、指引着学习者的行为,同时这种价值被学习者所追求,被学习者作为奋斗目标。例如,积极参与展示当代艺术成就的准备工作。

③信奉指个体坚定不移地相信某种观念或事业,自己全力以赴地去实现这种他自认为有价值的观念或事业,并且还力图使别人信服这种观念、参与这项事业。例如,献身于作为民主之基础的观念和思想。

(4)组织价值观念系统。

组织指学习者在遇到多种价值观念呈现的复杂情境时,将价值观组织成一个体系,对各种价值观加以比较,确定它们的相互关系及它们的相对重要性,接受自己认为重要的价值观,形成个人的价值观体系。其包括两类:

①价值的概念化,即通过使价值特征化,使各种价值能够联系在一起。例如,试图识别所欣赏的某一艺术客体的特征。

②价值体系的组织指学习者把各种价值(可能是毫无联系的价值)组成一个价值复合体,并使这些价值形成有序的关系。例如,制订一个根据活动的要求来调节自己休息的计划。

(5)价值体系个性化。

价值与价值体系的个性化指学习者通过对价值观体系的组织,逐渐形成个人的品性。各种价值被置于一个内在和谐的构架之中,并形成一定的体系。个人言行受该价值体系的支配;观念、信仰和态度等融为一体,最终的表现是个人世界观的形成。达到这一阶段以后,行为是一致的和可以预测的。这个领域也包括两类:

①泛化心向指一种在任何特定的时候都对态度和价值体系有一种内在一致的倾向性。例如,根据事实随时准备修正判断和改变行为。

②个性化指外在价值已经内化为学习者的最深层的、整体的性格,包括他的世界观、人生观等。例如,形成一种始终如一的生活哲学。

**3. 动作技能领域**(Psychomotor Domain)

①反射动作。

②基础性基本动作。

③知觉能力:对所处环境中的刺激所做的观察和理解,并做出相应调节动作的能力。

④生理能力:动作的耐力、力量、灵活性、敏捷性(学习高难度动作的基础)。

⑤技能动作:熟练完成复杂动作的能力。

⑥有意活动:传递感情的体态动作,即身体语言(姿势、手势、面部表情)。

1964 年,由 Krathwohl,Bloom,与 Masia 又补充提出了关于情感领域的教育目标体系。但是,并没有对动作技能领域提出细致的教育目标分类。

1972 年,Simpson 改进了动作技能领域的教育目标体系,提出动作技能领域教学目标分 7 个层次:

①知觉。

②定势。

③指导下的反映。

④机械动作。

⑤复杂的外显反映。

⑥适应。

⑦创新。

2001 年,由布鲁姆的学生 Anderson 等对布鲁姆教育目标分类体系进行了修订。安德生等人借鉴现代心理学的研究成果,将原分类中的"知识"("知道"或者"识记")归类到"知识维度",分解为四个类别,即事实性知识、程序性知识、概念性知识和元认知知识,并以此构成新的分类框架中的知识维度。

(1)知识维度。

①事实性知识(Factual Knowledge),指学生为了掌握特定学科知识或解决问题而需要了解的基本事实,主要包括:有关术语的知识,指具有特定含义的具体言语和非言语的符号,如语词、数字、符号、图片等;特定事物的要素和细节的知识,指事件、地点、人物、日期、信息源等方面的知识。

②概念性知识(Conceptual Knowledge),是指一个整体结构中基本要素之间的关系,表明某一个学科领域的知识是如何组织、如何发生内在联系、如何体现出系统一致等,主要包括:分类和类别的知识;原则和规律的知识;理论、模型和结构的知识。

③程序性知识(Procedural Knowledge),指做事的方法,探究的方法,应用技能、算法、技术或方法的规范等,主要包括:特定学科的技能和算法的知识,如利用水彩笔画图的技能、整数除法等;特定学科的技术和方法的知识,如访谈技术、探究的方法等;决定何时应用适当方法的规则,也称为"条件性知识"或"产生式规则"。

④元认知知识(Metacognitive Knowledge),指关于一般认知的知识,以及关于个体自己特定认知的意识和知识,主要包括:关于认知任务的情境和条件的知识;策略性知识。

(2)认知过程维度。

新的分类框架之中的另外一个维度,叫作认知过程维度。它将原分类中的六个认知层次(知识、领会、应用、分析、综合、评价)分别替换为记忆、理解、应用、分析、评价、创造。上述六个认知层次的具体含义如下。

①记忆:从长时记忆中提取相关的知识。

②理解:从口头、书面和图像等形式的教学信息中构建意义。

③应用:在给定的情境中执行或者使用程序。

④分析:将材料分解为它的组成部分,确定部分之间的相互关系,以及各部分与总体结构或总目的之间的关系。

⑤评价:基于准则和标准做出判断创造;将要素组成内在一致的整体或功能性整体;将要素重新组成新的模型或者结构。

⑥创造:将要素整合为一个内在一致或功能统一的整体。这一整体往往是新的“产品”。这里所谓的新产品,强调的是综合成一个整体,而不完全是指原创性和独特性。

简要地说,各层次包含的要素有:

①记忆(Remembering):识别(Recognizing)、回忆(Recalling)。

②理解(Understanding):解释(Interpreting)、举例(Examplifying)、分类(Classifying)、总结(Summarizing)、推断(Inferring)、比较(Comparing)、说明(Explaining)。

③应用(Applying):执行(Executing)、实施(Implementing)。

④分析(Analyze):区分(Eifferentiating)、组织(Organizing)、归属(Attributing)。

⑤评价(Evaluate):核查(Checking)、评判(Critiquing)。

⑥创造(Create):生成(Generating)、计划(Planning)、贯彻(Producing)。

旧版《教育目标分类》与新版对比如图3.2所示。

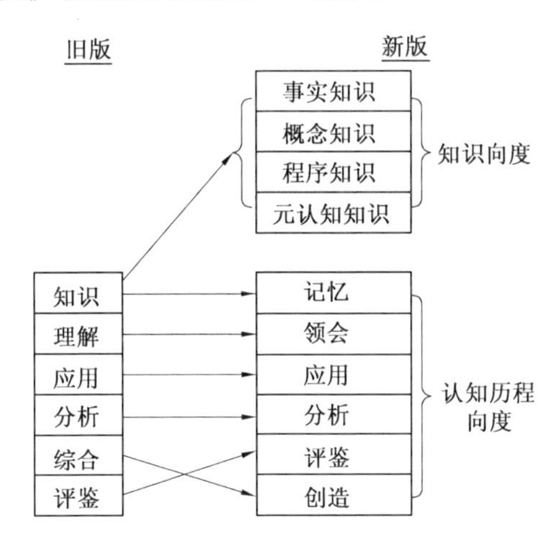


图3.2　布鲁姆教育目标分类新旧版本对比

(图片来源 黄涛. 新版布鲁姆教育目标分类对外语教学与测试改革的启示[J]. 西华师范大学学报(哲学社会科学版),2009(03):101-106.)

## 三、恩尼斯五步教学模式

恩尼斯对于批判性思维进行了长期研究,提出了批判性思维概念:“进行合理性和反思性的思考,从而决定相信什么和做什么。”他认为批判性思维是一种技能,提出了技能理论,并在技能理论的基础上设计了批判性思维的教学模式,共分为五步,其基本的步骤如表3.1所示。

表 3.1　恩尼斯五步教学

| | |
|---|---|
| 第一步 | 澄清学习目标。学习的重要目标之一是形成正确的有效的思维方式,帮助学生在思考活动中正确掌握批判性思维原则 |
| 第二步 | 确定教学内容。通过专业的批判性思维量表,对学生审辩性思维水平进行测试,确定学生的批判性思维技能,再根据学生的技能特点选择和组织教学内容 |
| 第三步 | 逻辑规则学习。向学生呈现批判性思维要用到的逻辑,介绍相关规则,并提供使用这些逻辑、规则的方法 |
| 第四步 | 批判性思维训练。以批判性思维必需的行为组织成相关的训练活动,让学生从活动中练习批判性思维的程序 |
| 第五步 | 批判性思维训练评价。运用量表进行批判性思维训练的效果评价 |

## 四、美国加州模式

美国加利福尼亚州开展的批判性思维教学是为理解逻辑语言之间关系而设计的课程,保证每一个毕业生受到高等教育后获得重大进步,其学习内容来自日常生活,学生靠个人经验训练批判性思维。来自生活的内容都是没有经过分析的信息,以生活中实际内容来训练学生批判性思维,让学生有种身处其中的感受,把生活中的经验迁移到学习中来。其模式是:

①提供给学生感同身受的问题情景。

②通过特定领域的问题情景来训练学生批判性思维的基本技能,从而增强学生对批判性思维技能的掌握,如问题澄清、信息判断、问题解决和形成最终论证结果等。

③课堂教学过程中提倡学生参与,并鼓励接纳不同立场的思维倾向。

## 五、保罗的批判性思维倾向培养模式

保罗认为批判性思维培养不能以训练批判性思维技能为主,在具体课程中应注重培养学生批判性思维倾向。保罗的批判性思维教学模式主要以提问的方式培养学生批判性思维,在提问中解决问题。

保罗指出,批判性思维并不是单纯为自己的观点辩护,关键是训练学生思维习惯,注重证据和推理。传统批判性思维教学偏重于训练学生的思维技能,使得学生养成为自己狡辩的习惯。保罗认为此种善于为自己相信的信息做狡辩性论证,却不去反省自己信念可能有错误,是弱势批判性思维。要避免此种危险,就要注重批判性思维倾向培养。保罗以批判性思维标准、要素与知识倾向来构架批判性思维教学模式。在课堂上以清楚、正确、准确、相关、逻辑、广度、深度、重要性、完整性和公正的标准,针对目的、问题、推论、概念、含义和假设等要素,实施对话、辩论式教学,借此培养学生谦逊、坚持、自治、完整、勇气、自信等批判性思维倾向。

# 第二节　批判性思维培养模式

批判性思维培养是大学通识教育的重要目标之一。纵观各国高校批判性思维培养模式,主要有设置单独课程、设置学科渗透的融合课程、单独课程与融合课程的综合化课程等。

一般来说,在接受高等教育的过程中,学生批判性思维的习得分为两类:直接习得与间接习得。前者指学生经由专门的思维课程而获得批判性思维的能力,课程内容包括逻辑学、科学方法论等;后者指学生经由具体专业的学习实践以及合作讨论而获得批判性思维的过程。

学者戴维·希契柯克等认为在学校进行批判性思维培养,有两种教学模式,一是单独开设批判性思维课程的教学模式,另外一种就是将批判性思维渗透到具体学科中间的融合模式。他指出最好的教学模式就是二者相结合的整合模式。

单独课程体系重视传授学生批判性思维原理、方法和技巧;学科渗透的融合课程体系使批判性思维培养更加现实可行,两者都有其一定合理性。

大学课堂强调的是"以学生为中心",教师进行课堂教学时首先要想到如何通过学生兴趣来调动学生学习积极性和创造性。传统"填鸭式"灌输教学方法已不适应当前教学要求和学生能力培养,而是要结合学科特点,摒弃传统"填鸭式"教学方法,教师应采用形式多样的教学方法来调动学生的积极性。

## 一、单独授课

**1. 原则**

批判性思维是一种能动、积极的思维,有其自身的规律,需要进行训练和培养,因此需要一种专门培养学生批判性思维能力的单独课程。这种主张的前提是,在学科中进行批判性思维的培养,会导致批判性思维培养与学科教学之间产生不利影响,二者在教学过程中不能是平行的,不能很好协调主次地位。斯腾伯格和李普曼等很多专家都主张设置单独的批判性思维课程,来培养学生的批判性思维。

针对单独课程教学模式,希契柯克提出批判性思维课程设计应该遵循"目标清晰、激励学生、培养批判精神、深度重于广度、使用桥接、利用重大时事、运用指导框架、选用真实或现实案例、提供有指导的联系并及时反馈、检验学生理解程度、鼓励元认知、考虑情境、谨慎设计、不适用空洞的专业术语"的原则。

**2. 内容**

批判性思维课程最早出现在哲学领域,主要通过逻辑课程来培养批判性思维,包括形式逻辑和非形式逻辑。一般认为批判性思维发展促进了非形式逻辑的诞生。20 世纪末到今天,美国研究型大学基本上都开设有批判性思维单独课程。除了传统逻辑独立课程外,还有一些面向所有学生开设的技能训练课程,如宾夕法尼亚大学"批判性思维写作"课程,李普曼"儿童哲学"和"强"批判性思维教程;大学一年级新生研讨课程,如索诺马州大学、密歇根州立大学的一年新生小班;斯坦福商学院设有类似批判性思维课程——"批判与分析思维”（CAT），要求学生围绕主题撰写论文，课堂上进行分析讨论及批判性思维能力训练。另外亦有许多大学单独开设批判性思维课程，而现代的批判性教材，则综合了逻辑、信息评估、论证理论、语义分析、科学方法论等方面的内容。

设置单独批判性思维课程进行培养，有助于学生对批判性思维基础知识的掌握，学习内化后变为自己的背景知识，将其运用到其他不同学科中去，为以后专业课程学习和工作奠定基础。

## 二、融合课程培养

设置单独课程来培养学生审辩性思维的方式受到人们质疑，认为不同背景学科知识之间存在着不可逾越的学科鸿沟，在学科之间进行批判性思维迁移是非常困难的，因为人对不同学科之间知识的掌握不同、认知不同，不同学科对批判性思维的要求也不尽相同。批判性思维从一个学科领域迁移到另外一个学科领域是不可能实现的。如果想要实现学科之间的迁移，不仅需要在不同的学科领域进行大量训练，还需要教师具备批判性思维的专长和能力。

梅可派克对设置单独课程来培养学生的批判性思维持反对态度，他认为：“批判性思维是对问题合理性的质疑，而要能进行合理性的质疑，首先要对所质疑问题领域了解。没有理由相信一个人可以在这个领域进行批判性思维，在另一个领域也可以进行批判性思维。”

梅可派克认为批判性思维具有学科性，不同学科中的批判性思维是不一样的，不存在批判性思维的一般技能可以应用于一切领域，因此，开设单独批判性思维课程不能使批判性思维技能在不同学科间进行迁移。

西北理工大学的通识教育课程“英语和交流”，用于训练学生批判性思维课时占到四分之一；加利福尼亚“问题解决和问题解释学”课程，由心理学和历史学教授进行授课；哥伦比亚大学开设的文学、历史和哲学等核心通识课，运用“苏格拉底式”产婆术进行教学；肯尼索州立大学在生物学教学中“以学生为中心”来提高学生对概念的理解和质疑能力。20 世纪 90 年代后，受到后现代心理学的焦点技术、叙事疗法等影响，融合课程在批判性思维教育中逐渐受到青睐。

Alnofaie（2013）的批判性思维与外语教学融合培养框架提出将批判性思维作为语言教学的一部分融入整个教学中。其主要观点为：学院层面的批判性思维技能目标应与学校的保持一致，应根据总目标明确语言课程的具体批判性思维技能目标，将其有针对性地融入外语教学中，并且开设额外的一般性思维技能课程，让学生熟悉掌握相关概念以更好地转移到其他领域。

## 三、案例教学法

案例教学法首先出现在商科领域。1920 年，美国哈佛大学开始采取案例教学方法培养学生，其教学案例来自于商业活动中的真实事件和情景，有助于学生主动参与讨论和学习。1980 年以后案例教学法逐步应用到各个学科中。案例教学步骤有案例准备、小组准备、小组讨论和集中总结。由于学生知识背景和智力水平不同，在选择案例时应充分考虑这些因素。案例通常不只具有一个合理性结论，这就要求学生在针对不同观点时应该有一个包容开放心态，只针对案例本身。

小组讨论过程中，刚开始学生可能是为了寻求问题解决，解决方式可能是五花八门，针对具体问题时要考虑到各种因素，如伦理、法律，保证在合理框架内；进行小组汇报阶段，老师可以再次加入一定信息量，再次引发学生对问题的讨论，使其所要解决的问题得到澄清后再次汇报；老师对其问题解决的整个过程从开始、中间、到最后都有理论分析论证，最后得到基于某种信息或条件下的合理性方案。如此不断地去让学生分析，尤其是一些社会公众比较关注问题或自身经历过的问题，拿来作为案例分析更会有意义，使学生的批判性思维能力提高更快。

同时教师职责不是强求学生得出结果，而是强调在案例讨论中要聚焦焦点，一旦学生讨论偏离问题就要拉到当前情景中。在通常学科中，政治学、法学、教育学等经常会采用真实或正在发生的案例，这样可以让学生有更多同理心感受，引发学生对自身内在思考，自己有没有先入为主的观念，有没有存在一定的认知偏见等，对于学生审辩性思维能力发展有着重要意义。

## 第三节　通过竞争与对话发展批判性思维

20 世纪 60 年代美国兴起大学辩论竞赛推动了批判性思维发展。参加辩论竞赛有助于增强学生自信心，批判性思维能力和分析技能得到重大改善，表现在处理信息的能力提升，对材料的组织变得更为熟练。辩论赛是通过竞争与对话促进批判性思维发展的有效手段之一。

竞争的合作性对话实质上是构造辩证的氛围；寻找替代假说或论证、反例也是寻找创新的方向；推理、要素分析等组合方法是在假想情境。因此，通过竞争与对话可以使批判性思维破除心理和观念的牢笼，通过环境的构造和途径的引导来刺激创新。

辩证思维是在通过竞争和对话过程中发展的。科学在发明竞争的理论中推进。竞争理论可以帮助：

①发现新事实。

②揭示事实后面的观察理论。

③判定事实检验的意义。

④综合、联系现象和观念。

⑤判断其他竞争理论的合适性。

交锋、对话和合作是刺激思想的有效办法：

(1)竖立对立面的合理竞争。

对立最容易激发思想。在没有对立的情况下，你自己应该当"吹毛求疵"者(play the devil' s advocate)，假设在不同的视角下搜寻不同理由或者反例，引进或构造不同论证，以便创造不同选择的可能。

(2)构造对立的一个好办法是"审议"。

辩证对话的最好模式是组织一个小组，对一个议题，两个或更多成员开始持不同、对立的立场,进行对话和讨论,尽量从自己的视角把议题的方方面面挖掘出来。

(3)审议反映辩证本质。

对立和理性的结合其实是合作关系。辩证是对不同观点进行合理讨论的过程,目的不是争辩谁对谁错,不是辩论一个立场,不是反驳对方成员,双方都为了完善论证。

(4)合理规范。

范·爱默伦(Frans H. van Eemeren)和荷罗顿道斯特(Rob Grootendorst)在"实用论辩"的论证理论中提出合理解决争端的批判性讨论规则。

Rules for Critical Discussion (批判性讨论规则)

①Freedom rule:Parties must not prevent each other from advancing or casting doubt on each others viewpoints.(各方都不能阻止对方论辩)

②Burden of proof rule:Whoever advances a viewpoint is obliged to defend it if asked to do so. (谁提出的观点,谁有责任举证)

③Standpoint rule:An attack on a viewpoint must represent the viewpoint that has really been advanced by the protagonist.(你所批判的观点必须确是对方观点)

④ Relevance rule: A viewpoint may be defended or attacked only by advancing argumentation that is relevant to that viewpoint.(论辩必须相关)

⑤Unexpressed premise rule:A person can be held responsible for the unstated premises he leaves implicit in his argument.(论者该为他的隐含前提负责)

⑥Starting point rule:A viewpoint is regarded as conclusively defended only if the defense takes place by means of argumentation based on premises accepted by the other party,and it meets the requirements of Rule 8.(论辩要成立,其前提需被对方接受)

⑦Argument scheme rule: A viewpoint is regarded as conclusively defended only if the defense takes place by means of arguments in which an argumentation scheme is correctly applied.(论辩要成立,其论证推理形式需合适)

⑧Validity rule:A viewpoint is regarded as conclusively defended only if supported by a chain of argumentation meeting the requirements of rules 6 and 7 and if the unstated premises in the chain of argumentation are accepted by the other party.(论辩要成立,其隐含前提需被对方接受)

⑨Closure rule:A failed defense must result in the proponent withdrawing his thesis and a successful defense must result in the respondent withdrawing his doubt about the proponents thesis.(论输了自己就应放弃立场,赢了对方就该撤销怀疑)

⑩Usage rule:Formulations of questions and arguments must not be obscure,excessively vague,or confusingly ambiguous and must be interpreted as accurately as possible.(问题和论证语言表达清楚,准确,不晦涩)

(by Frans Van Eemeren & Rob Grootendorst, taken from "Fundamentals of Critical Argumentation" by Douglas Walton,Cambridge University Press,2006.)

# 第四节　批判性思维测试

如今,批判性思维的训练已经成为现代西方教育体系中不可分割的一部分。北美的GRE、GMAT、SAT等能力型考试,都设有"批判性推理"(Critical Reasoning)和"分析写作"(Analytical Writing),来测试学生的分析、论证和表达的能力。

在学生学业成绩和升学考试方面,批判性思维也有越来越多的渗透。ACT的科学推理部分,新MCAT的许多项目、AP、ITED、GRE的分析和逻辑推理部分、LSAT,都试图将批判性思维结合在一个测试中,这些都是对考生影响重大的考试。

当前,批判性思维测评工具多种多样。根据批判性思维测验工具所依赖的理论,可以把它们分为批判性思维技能测验、批判性思维认知发展测验、批判性思维解决问题测验、批判性思维元认知测验和批判性思维社会文化测验五大类。根据测验评分的客观性程度,批判性思维测验工具可分为客观性测验、主观性测验、主客观相结合测验三大类。根据测验工具测评任务或问题的形式,批判性思维测验工具可分为封闭性和开放性两类。

中国学者马利红(2018)通过对Web of Science核心子集数据库文献进行检索,以及对批判性思维专业测评网站Insight Assessment和Foundation of Critical Thinking官网上有关批判性思维测评的在线文档进行梳理,发现国外批判性思维开放题测评方式可以归结为三种:批判性思维语篇测试、批判性思维读写测试 、批判性思维写作测试。

测评批判性思维时,选择题主要侧重批判性思维的评价技能,即被试做出正确判断的能力。相比而言,语篇测试比选择题形式更科学,因为语篇测试可以评价批判性思维的创造性方面,即被试对语篇内容做出回应并有逻辑地捍卫回应的能力。常见的批判性思维语篇测试方法有三种:一是超复杂结构(High Structure),即提供一篇标有段落的论证性文章,大部分段落中有论证错误,要求被试对每一段及整篇文章中隐含的写作思维方式进行评价,并论证为何这样评价;二是中等复杂结构(Medium Structure),即提供一篇结构相对简单的论证性文章,要求被试对文章主题进行论证或者辩护,但不具体阐述为何这样论证或辩护;三是微复杂结构(Minimal Structure),即提供一篇结构较简单的文章,要求被试就某个感兴趣的话题发表看法或捍卫立场。上述三种批判性思维语篇测试方法对批判性思维开放题测评的开发和研究具有重要指导意义。

## 一、恩尼斯-韦尔批判性思维语篇测试

在批判性思维语篇测试中,运用最广泛的是《恩尼斯-韦尔批判性思维语篇测试》(Ennis-Weir Critical Thinking Essay Test,EWCTET)。EWCTET在论证语境中测评被试的通用批判性思维技能,评价被试辨别语篇中的推理漏洞以及如何捍卫自己立场的能力。EWCTET往往就一个熟悉话题,以给报社编辑写信的形式提供语境,要求被试阅读和评价信件中表达的观点,写回信对此做出判断和评价并提供证据支撑。

用批判性阅读和批判性写作相结合测评被试的批判性思维发展情况,以Paul和Elder研发的国际批判性思维阅读与写作测试(International Critical Thinking Reading and Writing Test, ICTRWT)为代表。ICTRWT包括五个水平,从低到高依次为释义

(Paraphrasing)、解读(Explicating)、分析(Analysis)、评价(Evaluation)、角色扮演(Role-Playing)(见表3.2)。

表3.2 国际批判性思维阅读与写作测试能力框架表

| 水平等级 | 能力水平 | 技能阐释 |
|---|---|---|
| 一 | 释义 | 考查被试用自己的话准确表达作者思想的能力 |
| 二 | 解读 | 考查被试陈述、解释、例证、表述段落大意的能力,比如能用一句简单的话陈述文本的基本观点;能具体解释基本观点;能举例证明自己的观点;能用类比或隐喻澄清自己的观点 |
| 三 | 分析 | 考查被试辨识写作目的、重要问题、重要信息或数据、基本结论、基本概念、基本假设、重要启示和作者观点的能力 |
| 四 | 评价 | 考查被试基于思维标准评估阅读材料的能力,比如能清楚表达观点;文本内容清晰;论述准确;提供的相关细节精确;引用的信息均与写作目的相关;论证视角较宽;文本内容具有内在一致性 |
| 五 | 模仿 | 考查被试积极模仿作者思维的能力 |

根据批判性思维阅读和写作能力的五个水平,ICTRWT包括五项基础测试,即Form A、Form B、Form C、Form D、Form E,每项测试所测评的思维能力从低到高依次为逐句释义文本的能力、解读文本命题的能力、分析文本逻辑的能力、评价文本逻辑的能力和模仿作者思维的能力(见表3.3)。

表3.3 国际批判性思维阅读和写作测试基础题型

| 测评形式 | 测评技能 | 命题要求 |
|---|---|---|
| Form A | 逐句释义文本的能力 | 对语篇逐节释义 |
| Form B | 解读文本命题的能力 | 用自己的话陈述文章主题,解释文章内容,举例讲述文章内容;用比喻或类比说明文章内容 |
| Form C | 分析文本逻辑的能力 | 阅读语篇后,清楚准确表达作者的意图、最重要的问题、最重要的信息、最基本的结论、最基本的概念和最重要的假设等 |
| Form D | 评价文本逻辑的能力 | 根据思维标准(清晰性、准确性、精确性、相关性、深度、宽度、逻辑性、重要性和公平性)评价文本 |
| Form E | 模仿作者思维的能力 | 通过与睿智的提问者对话,模仿文本作者的思维,解释文章的各部分内容 |

## 二、思维技能测验

思维技能测验(Thinking Skills Assessment—TSA)是英国剑桥评价(Cambridge Assessment)开发的大学入学考试,考生自愿参加,大学录取时参考。思维技能测试主要应用于计算机科学、工程、经济学、自然科学、政治学、哲学、社会学等专业的录取时参考。TSA成绩不仅被用于招生,也是注册学习英国牛津大学、剑桥大学和伦敦大学学院三所大学的许多相关课程的必备条件。学校根据 TSA 成绩和来自其他方面的背景信息,评估申请者是否适合学习某些课程。

思维技能测试主要测量两个方面,批判性思维和问题解决。试卷共 50 个问题,90 分钟,批判性思维(Critical Thinking)和问题解决(Problem Solving)各 25 题。

思维技能测验将批判性思维分为七个方面进行考查,分别是:总结主旨结论(Summarizing the Main Conclusion),抽象结论(Drawing A Conclusion),确认假设(Identifying Assumption),评估附加证据的影响(Assess the Impact of Addition Evidence),发现推理错误(Detecting Reasoning Errors),比较推理过程(Matching Argurments),应用原理(Applying Princi-Ples)。

剑桥大学评价将问题解决定义为应用数字和图表进行推理。在思维技能测验中,问题解决早期也被称为数学推理、公式推理,这表明问题解决就是应用数学知识进行推理。在思维技能测验中,问题解决分为三个方面:选择相关信息(Relevant Selection),寻求过程(Finding Procedures),确认相似(Identifying Similarity)。

### 三、CCTST 和 CCTDI

目前,批判性思维测试领域中应用最广的是《加利福尼亚批判性思维技能测验》CCTST(California Critical Thinking Skills Test)和《加利福尼亚批判性思维倾向问卷》CCTDI(The California Critical Thinking Disposition Inventory)。

CCTDI 以德尔菲报告总体理论框架为基础,专用于测量个体批判性思维的人格倾向,将批判性思维人格倾向分为 7 个维度,分别是:寻求真理性(Truth-Seeking)、思想开放性(Open-Mindedness)、分析性(Analyticity)、系统性(Systematicity)、自信性(Self-Confidence)、好询问性(Inquisitiveness)和成熟性(Maturity)。

## 本章附录

### 《加利福尼亚批判性思维倾向问卷》(The California Critical Thinking Disposition Inventory,CCTDI)

下面是批判性思维能力在性格上所表现出来的一些特质。他们当中有些特质可能你是非常赞同的,有些特质可能你是非常不赞同的,请根据你自己的情况来判定。先仔细看清每一特质,并确信你已经理解了它的含义,在相应的题号下,按照下面的程度说明,将对应的数字打钩,以表示你对该项目的赞同程度。

| 程度 | 非常赞同 | 相当赞同 | 比较赞同 | 一般赞同 | 相当不赞同 | 非常不赞同 |
|---|---|---|---|---|---|---|
| 分值 | 1 | 2 | 3 | 4 | 5 | 6 |

作答方法:例如,如果你非常赞同这一特质就将①标注出来。

请注意,要根据你自己的情况来进行真实评定,每一特质都要评定,不要有遗漏。

非常赞同 1 ——→6 非常不赞同

A. 寻找真理(Truth-Seeking)

1. 面对有争议的论题,要从不同的见解中选择其一,是极不容易的。

1　2　3　4　5　6

2. 对某件事如果有四个理由赞同,而只有一个理由反对,我会选择赞同这件事。

1　2　3　4　5　6

3. 即使有证据与我的想法不符,我都会坚持我的想法。

1　2　3　4　5　6

4. 处理复杂的问题时,我感到惊慌失措。

1　2　3　4　5　6

5. 当我表达自己的意见时,要保持客观是不可能的。

1　2　3　4　5　6

6. 我只会寻找一些支持我看法的事实,而不会去找一些反对我看法的事实。

1　2　3　4　5　6

7. 有很多问题我会害怕去寻找事实的真相。

1　2　3　4　5　6

8. 既然我知道怎样作这决定,我便不会反复考虑其他的选择。

1　2　3　4　5　6

9. 我们不知道应该用什么标准来衡量绝大部分问题。

1　2　3　4　5　6

10. 个人的经验是验证真理的唯一标准。

1　2　3　4　5　6

B. 开放思想(Open-Mindedness)

1. 了解别人对事物的想法,对我来说是重要的。

1　2　3　4　5　6

2. 我正尝试少做主观的判断。

1　2　3　4　5　6

3. 研究外国人的想法是很有意义的。

1　2　3　4　5　6

4. 当面对困难时,要考虑事件所有的可能性,这对我来说是不可能做到的。

1　2　3　4　5　6

5. 在小组讨论时,若某人的见解被其他人认为是错误的,他便没有权利去表达意见。

1　2　3　4　5　6

6. 外国人应该学习我们的文化,而不是要我们去了解他们的文化。

1　2　3　4　5　6

7. 他人不应该强逼我去为自己的意见作辩护。

1　2　3　4　5　6

8. 对不同的世界观(例如:进化论、有神论)持开放态度,并不是那么重要。

1　2　3　4　5　6

9. 各人有权利发表他们的意见,但我不会理会他们。

1 2 3 4 5 6

10. 我不会怀疑众人都认为是理所当然的事。

1 2 3 4 5 6

C. 分析能力(Analyticity)

1. 当他人只用浅薄的论据去为好的构思护航,我会感到着急。

1 2 3 4 5 6

2. 我的信念都必须有依据支持。

1 2 3 4 5 6

3. 要反对别人的意见,就要提出理由。

1 2 3 4 5 6

4. 我发现自己常评估别人的论点。

1 2 3 4 5 6

5. 我可以算是个有逻辑的人。

1 2 3 4 5 6

6. 处理难题时,首先要弄清楚问题的症结所在。

1 2 3 4 5 6

7. 我善于有条理地去处理问题。

1 2 3 4 5 6

8. 我并不是一个很有逻辑的人,但却常常装作有逻辑。

1 2 3 4 5 6

9. 要知道哪一个是较好的解决方法,是不可能的。

1 2 3 4 5 6

10. 生活的经验告诉我,处事不必太有逻辑。

1 2 3 4 5 6

D. 系统化能力(Systematicity)

1. 我总会先分析问题的重点所在,然后才解决它。

1 2 3 4 5 6

2. 我很容易整理自己的思维。

1 2 3 4 5 6

3. 我善于策划一个有系统的计划去解决复杂的问题。

1 2 3 4 5 6

4. 我经常反复思考在实践和经验中的对与错。

1 2 3 4 5 6

5. 我的注意力很容易受到外界环境影响。

1 2 3 4 5 6

6. 我可以不断谈论某一问题,但不在乎问题是否得到解决。

1 2 3 4 5 6

7. 当我看见新产品的说明书复杂难懂时,我便放弃继续阅读下去。

1 2 3 4 5 6

8. 人们说我作决定时过于冲动。

1 2 3 4 5 6

9. 人们认为我作决定时犹豫不决。

1 2 3 4 5 6

10. 我对争议性话题的意见,大多跟随最后与我谈论的人。

1 2 3 4 5 6

E. 批判性思维的自信心(Self-confidence)

1. 我欣赏自己拥有精确的思维能力。

1 2 3 4 5 6

2. 需要思考而非全凭记忆作答的测验较适合我。

1 2 3 4 5 6

3. 我的好奇心和求知欲受到别人欣赏。

1 2 3 4 5 6

4. 面对问题时,因为我能做出客观的分析,所以我的同辈会找我作决定。

1 2 3 4 5 6

5. 对自己能够想出有创意的选择,我很满足。

1 2 3 4 5 6

6. 做决定时,其他人期待我去制定适当的准则作指引。

1 2 3 4 5 6

7. 我的求知欲很强。

1 2 3 4 5 6

8. 对自己能够了解其他人的观点,我很满足。

1 2 3 4 5 6

9. 当问题变得棘手时,其他人会期待我继续处理。

1 2 3 4 5 6

10. 我害怕在课堂上提问。

1 2 3 4 5 6

F. 求知欲(Inquisitiveness)

1. 研究新事物能使我的人生更丰富。

1 2 3 4 5 6

2. 当面对一个重要抉择前,我会先尽力搜集一切有关的资料。

1 2 3 4 5 6

3. 我期待去面对富有挑战性的事物。

1 2 3 4 5 6

4. 解决难题是富有趣味性的。

1 2 3 4 5 6

5. 我喜欢去找出事物是如何运作的。

1　2　3　4　5　6

6. 无论什么话题,我都渴望知道更多相关的内容。

1　2　3　4　5　6

7. 我会尽量去学习每一样东西,即使我不知道它们何时有用。

1　2　3　4　5　6

8. 学校里大部分的课程是枯燥无味的,不值得去选修。

1　2　3　4　5　6

9. 学校里的必修科目是浪费时间的。

1　2　3　4　5　6

10. 主动尝试去解决各样的难题,并非那么重要。

1　2　3　4　5　6

G. 认知成熟度(Maturity)

1. 最好的论点,往往来自于对某个问题的瞬间感觉。

1　2　3　4　5　6

2. 所谓真相,不外乎个人的看法。

1　2　3　4　5　6

3. 付出高的代价(例如:金钱、时间、精力),便一定能换取更好的意见。

1　2　3　4　5　6

4. 当我持开放的态度,便不知道什么是真、什么是假。

1　2　3　4　5　6

5. 如果可能的话,我会尽量避免阅读。

1　2　3　4　5　6

6. 对我自己所相信的事,我是坚信不疑的。

1　2　3　4　5　6

7. 用比喻去理解问题,像在公路上驾驶小船。

1　2　3　4　5　6

8. 解决难题的最好方法是向别人问取答案。

1　2　3　4　5　6

9. 事物的本质和它的表象是一致的。

1　2　3　4　5　6

10. 有权势的人所做的决定便是正确的决定。

1　2　3　4　5　6 ________

各项分数 A _______ B _______ C _______ D _______ E _______ F _______ G _______

总分________

CCTDI 提供 8 种分数:7 个量表的单项分和总分。每种量表的得分区间为 10 ~ 60 分。总分的可能得分区间为 70 ~ 420 分。每一量表得分处于 10 ~ 30 分区间,表明批判性思维倾向较差;处于 40 ~ 60 分区间,表明批判性思维倾向较强。对每一量表,建议以

40 分为批判性思维的正面倾向和负面倾向的分界值，建议目标分为 50 分。在一个量表上得分高于 50 分者，表明被试者在批判性思维倾向方面为强；处于 30 ~ 40 分区间者，表明被试者对该倾向持矛盾态度；低于 40 分，最好被认为被试者在该倾向方面是弱的；而 30 分以下者，表明被试者的批判性思维倾向与该量表反映的某种批判性思维倾向相背离。总分在 210 ~ 280 分者，表明被试者的批判性思维倾向处于矛盾范围；低于 210 分者，表明被试者的倾向与批判性思维严重对立；达到或高于 350 分者，表明被试者的批判性思维倾向全面强。

# 第四章　模块1:识别广告与论证中的“诉诸策略”

## 第一节　亚里士多德“劝说诉诸”模式

亚里士多德是古希腊伟大的思想家、哲学家、科学家、教育家。除了在哲学、物理学、伦理学、政治学方面的贡献之外,亚里士多德在修辞学方面也取得了不朽的成就。亚里士多德是古希腊修辞学思想的集大成者,其修辞学思想主要体现在《修辞学》。《修辞学》全书共三卷。亚里士多德修辞学思想体系的核心是修辞论证或修辞式推论。他认为,修辞学的任务就是探讨任何一种问题上的说服方式。西方现代修辞学把劝说和沟通作为修辞的主要目的。当代修辞学家认为修辞的作用是找到听众感兴趣、觉得有理由、认为具有共同立场的观点或说法。

亚里士多德在《修辞学》中把修辞学定义为“一种能在任何一个问题上找出可能的说服方式的功能”。牟晓鸣(2008)把西方古典修辞学体系的框架展示如图4.1所示。

亚里士多德认为修辞又可以称之为雄辩,是拥有有效的劝说方法的一种能力(the ability to see the available means of persuasion)。他认为修辞包括三个要素:逻辑诉求(Logos)、情感诉求(Pathos)和信誉诉求(Ethos),也称为逻辑诉诸、情感诉诸和人格诉诸。这三种“诉求”是演讲词或广告等劝说他人信服的语言体裁中普遍具备的三要素。说服他人的过程,实质上是这三种修辞劝说模式的应用过程。

### 一、逻辑诉诸

逻辑诉诸指用语言本身所具有的事实逻辑、因果关系完成对读者的劝说。它可以通过理论、概念、引用、事实数据、文字或历史演绎、权威专家的引语、公正的看法等达到其说服的目的。这些手段就是打动听众使之信服的感染力或“诉诸”(Appeals)。

三段论的省略式中有某种前提或结论被省略或暗含,而听者实际上参与了论题的建构,因此更有说服力。三段论的省略式通常是由一个前提和一个结论,有时也有两个前提组成,或者说它是不陈述某一个前提或结论的省略形式的三段论。它的基本特点是劝说的成功与否是由说话者和听众双方共同努力而取得的,因而更有说服力。

例如,某一广告原文:With all taste,without all the fat and cholesterol.

译文:具有任何口味,不含脂肪与胆固醇。

这则广告看起来只是两个陈述,但是很容易与听众形成共同立场(Common Ground)。省略的大前提是人们应该买美味的食品,人们应该买健康的食品。给出的陈述是小前提,省略的结论是——应该买我们的产品。

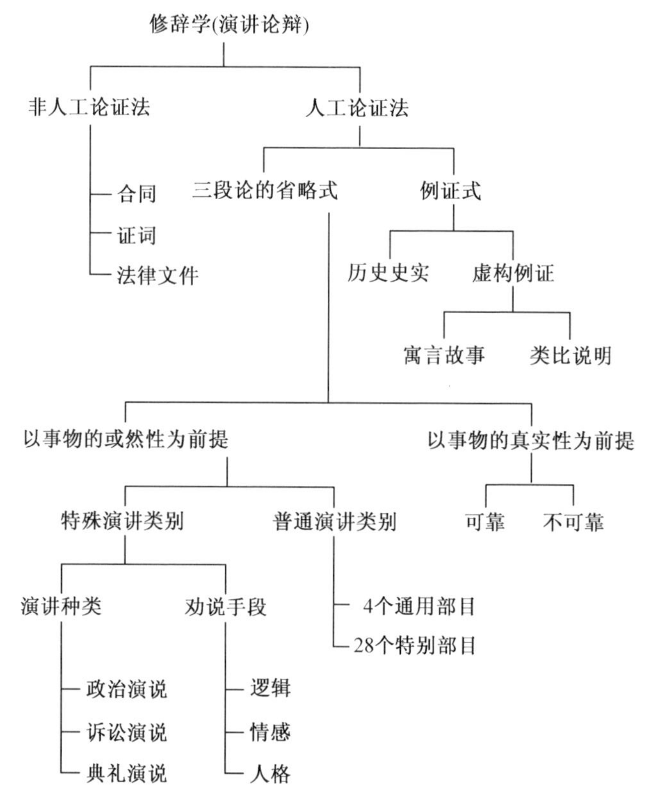


图 4.1　亚里士多德西方古典修辞学体系
（图片来源：牟晓鸣. 亚里士多德与西方古典修辞学理论）

## 二、情感诉诸

情感诉诸基于情感。它与感情，同情，悲悯等词相关。作为一种劝说手段，主要是修辞者激起受众的情感，并且善于调动他们的感情态度，引起他们的同情心、注意力，引起他们的自我认同，从而接受修辞者的说服，即“动之以情”。它通过打动听众的情感世界，使其非理性地接受说话者的说服。情感诉诸可能涉及任何一种情感：爱、恨、恐惧、怜悯、愧疚、欢乐、痛苦，抑或集体主义精神、爱国主义精神等。生动形象的描写、仿拟、反复、拟人、反语等语言形式也是情感诉诸。

例如，XX 啤酒的广告语是“喝 XX，一起 Happy！”。这个广告抓住了人们喝酒时最共性的快乐分享等实质。

## 三、人格诉诸

人格诉诸也叫信誉诉诸，指基于说话人的信誉、可信度、态度和人品特征等优点使听众相信其语言的真实性。人格诉诸作为一种劝说模式，从理论上来说可以从两个方面来解释：一是以演说者的良好道德作为先决条件去进行描写，这种良好品格能够鼓励听众信任演说者所说的内容；二是依赖于演说者在特定的修辞场合创造一种可信的特征，然后根据自己在受众心目中的良好形象进行互动,创造出最为合适的而又最有效的修辞人格,让受众接受他们的观点,达到说服的目的。

例如,某运动品牌的广告中有众多奥运金牌得主在自己的领域展现出超凡的能力,并在最后总结“没有什么是不可能的”。这则广告利用奥运冠军的形象来衬托自己在同领域中的地位,具有一定的说服力。此外,某些广告中还会包含“XX是某地最大的生产商”之类的词语,也是在证明自身的实力和可信度。

## 第二节　广告中的“诉诸策略”

### 一、广告的分类

广告(Advertisement)一词来源于拉丁语(Adventere),具有“宣传产品”“吸引大众注意力”“推销所需”等含义。广告除了有帮助消费者认识商品的作用外,还有激发消费者引起购买欲望、促进消费行动的劝说功能。

广告在我们的生活中无处不在。按照内容分类,有商品广告、企业广告、服务广告、观念广告等;根据选用的媒体不同,可分为报纸广告、杂志广告、印刷广告、广播广告、电视广告、交通广告、电话广告、邮寄广告、路牌广告、霓虹灯广告、橱窗广告、包装广告和气球广告等;按照盈利与否,又可分为商业广告和公益广告。

广告就是利用多种创意途径,把要传达的产品利益或形象折射出来,让目标受众充分受到这种由产品的功能转化而来的利益点的感染,从而潜移默化或立竿见影地实现一种渴望拥有产品的行动。广告诉求(Appeals)的目的就是使目标受众理解接受广告所传达产品的这些利益或形象。

广告诉求是商品广告宣传中所要强调的内容,俗称“卖点”,它体现了整个广告的宣传策略,往往是广告成败关键之所在。如果广告诉求选定得当,会对消费者产生强烈的吸引力,激发起消费欲望,从而促使其实施购买商品的行为。

广告诉求是广告内容中很重要的部分,具是创意性讯息传播者为了改变讯息接受者的观念,在传播讯号中应用了某些心理动力,以引发消费者对于某项活动之动机,或影响其对于某样产品或服务之态度。

### 二、广告中常见的宣传手段

面对林林总总的各式广告,我们需要在思想上保持批判性。1937年美国成立了“宣传分析学院”(Institute for Propaganda Analysis)。宣传分析学院(IPA)是一家社会机构,由社会科学家、意见领袖、历史学家、教育家和记者组成,其成立背景是越来越多的宣传造势降低了公众发展出批判意识的能力,因此IPA试图激发理性思维,并提供一套指南帮助公众熟悉当前问题的讨论方式,教会公众如何思考而非思考什么。IPA总结出7种常见的宣传手段,包括:扣帽子(Name Calling),粉饰法(Glittering Generalities),移花接木法(Transfer),证词法(Testimonials),平民百姓(Plain Folks),洗牌法(Card Stacking),挟众宣传(Bandwagon)等。IPA一开始确实取得了成功,然后很快就受到了大量批判指责,IPA

被认为导致更多的破坏性怀疑论,而不是深思熟虑。IPA 因失去资金于 1942 年关闭。

宣传分析学院总结的广告中的 7 大类诉求,或者说是宣传技巧(Propaganda Technique)分别是:

1. **从众心理**(挟众宣传)Bandwagon:to do what many others are doing

Bandwagon 原意指“领头的乐队车,潮流,思潮”,是比较盛行的一种宣传手法。这种技巧的宗旨是“号召随大流”。使用这种手段的宣传者力图使人们相信,人们所属的群体都已接受了他的主张,由此鼓动人们都去“随大流”。例如,在商业广告中,某一种产品被说成是“人民的选择”“我们都在用”,等等。

这个宣传技巧也称为“挟众宣传”。挟众宣传吸引接受者去跟从人群,去加入人群,因为别人也这样做。挟众宣传本质上是试图说服接受者相信一方是正在胜利的一方,因为更多的人已经加入了他们。他们想让接受者相信既然那么多人都已经加入了,胜利是不可避免的而失败是不可能的。由于通常人们总是想和胜利者站在一起,他/她会感觉不得不加入进来。此外,接收者需要被宣传说服,从而相信由于所有的其他人都在做这件事,如果他们不做,他们就会被排除在外。从效果上说,这是另外一种挟众宣传的反面,但通常可以收到同样的结果。挟众宣传的接受者被裹挟着加入,因为所有其他人都这样做。当面对挟众宣传时,我们应该衡量加入的好处和坏处,而不受已经加入的人的数量的影响,并且,如同面对大多数宣传手段时一样,我们应该寻求更多信息。

2. **名人推荐**(证词法)Testimonial:movie stars make commercials endorsing products and political issues

这个宣传策略是利用明星或名人为某一产品或主张背书表示赞同或推荐。例如,

The cosmetics company increased their sales by using testimonial advertising involving popular movie actresses. 这家化妆品公司推出了有电影女星出面的名人推荐广告,增加了销售额。

这个策略的原理是证词法。证词(Testimonial)是指名言或者赞同的话,不管是否仍然和当下的情况密切相关,这些话试图将一位名人或者德高望重者和一件产品或者项目联系在一起。当遇到这种手段的时候,接受者应当将事物或者提议与为这些事物或者提议提供证词的人或者组织区分开来,单独考虑。

3. **平民路线**(平民百姓)Plain Folks:a product being used and enjoyed by everyday types of people—persons just like ourselves

平民路线通常推销民众广泛关注的产品,如食品和家用产品。宣传者会经常试图用一些特别受众的口吻,以及用一些惯用语和笑话,或用生活中的场景,来增强这种印象。当遇到这种手段的时候,接受者应当将宣传者个人的品性和宣传者所宣传的那些想法和提议分别对待。

4. **形象转移**(移花接木法)Transfer:positive feelings for the symbol or image will transfer to the product

形象转移策略是指将某些具有美好感觉的符号或象征转移到产品当中,也称为“移花接木”,例如,采用令人羡慕或受人爱戴的符号或图像,或者选用金发美女形象。这种手段试图使接受者用他们看待一个事物的方式同样地看待另外一个事物,在思想中将两

者联系起来。当面对这种手段进行的宣传时,我们应该将要考虑的问题,提议或者想法的好处和坏处与其他事物或者提议的好坏区分开来看待。

5. **攻讦**(扣帽子)Name Calling:negative comments to turn people against a rival product

这个策略是商家通过负面的评论使公众对他们的竞争者或对手的产品产生反感或厌恶。在某些国家竞选过程中,某些党派也会利用这种“扣帽子”的手段打击竞争对手。这种手段运用含有负面含义的贬损的语言或者词汇来描绘对手产品或敌人。这种宣传手段试图给一个目标贴上某种公众所憎恶的标签,从而在公众中激起对该目标的偏见。通常,扣帽子这种手段会以挖苦和讥讽的方式运用,经常在政治漫画和文章中出现。当遇到运用扣帽子手段的宣传时,我们应该试图将因为那些“帽子”所引起的情感和因为那些实际的想法和建议所引起的情感分开。

6. **泛泛赞誉**(粉饰法)Glittering Generalities:a product cannot be proved true or false because no evidence is offered to support the claim

泛泛的赞誉是指关于某产品、某候选人或者某事业的一些听起来很重要,但却毫无具体内容的赞美,也称为“粉饰法”。泛泛的赞誉听起来很好,但是并没有什么实际的内容,例如“nothing is impossible”“XX,不走寻常路”“一切皆有可能”“XX,让运动与众不同”。宣传者通常会用一些对不同的人来说有不同的理解的词汇,像伟大的、有进步的、最好的,这些让人听起来很舒服但没有实质内容的形容词。当遇到这些粉饰词的时候,我们应该将那些所要表达的想法和这些词分离开去,而考虑这些想法的实际价值。

7. **码牌**(洗牌法)Card Stacking:presenting only the facts and figures that are favorable to your particular side of the issue

码牌策略是指只呈现有利于己方的事实和数字。这种码好牌策略是“选择性遗漏”,仅仅展示那些对某种理念或者提议有利的信息而忽略那些与之抵触的信息。码牌法在几乎所有形式的宣传中都会使用,并且在用来劝说大众的时候非常有效。尽管大部分在码牌法的运用中所展示的信息是真实的,这种方法的危险在于它忽略了重要的信息。对待码牌法的最好的途径就是收集更多的信息。

# 第三节 广告中宣传技巧举例

## 一、从众心理(Bandwagon)

例1:舞会上一群人在兴高采烈地喝着“XX可乐”,一个人羡慕地走过去,加入他们。许多年轻人在舞会上聚集在一起,每个人手里都拿着一瓶XX可乐。Most of the people in a crowd at the ball game are drinking the XX Cola.

例2:一大群儿童在镜头中高兴地蹦跳,每人手里拿一个品牌的饮料,齐声说“XXX果奶,今天你喝了吗?”

## 二、名人推荐(Testimonial)

某位知名的篮球明星认真地对观众说,“要投,就投XX”;某位有名的运动球星手里拿着某款球鞋,说“我选择,我喜欢”。

### 三、形象转移(Transfer)

某世界知名女星为某一款化妆品代言做广告;某种饮料与某位健壮的打斗电影明星的剧照放在一起;将某国国旗作为某国企业的品牌背景。

### 四、平民政策(Plain Folks)

在某家大型商场,穿着普通的人们夸奖某些商品价格便宜,或者说“只选对的,不选贵的”。

### 五、攻讦(Name Calling)

利用图示和图表表明某种产品的销售量和满意度都遥遥领先,而其他同类产品都差很多。

### 六、泛泛赞誉(Glittering Generalities)

某款产品的代言人,轻轻地抚摸着产品说“不一样的感觉”或“味道好极了!”。

### 七、码牌(Card Stacking)

某私立学校校长说:“我们学校每年都有考上国内一流和世界知名大学的学生,我们的教师都拥有研究生学历”。

## 第四节　演讲中的“情感诉求”话语分析

### 一、亚里士多德的演讲三原则

亚里士多德的魅力演讲三原则包括人品诉求、情感诉求和理性诉求。人品诉求就是指演讲者的道德品质、人格威信。亚里士多德称人品诉求是“最有效的说服手段”,所以演讲者必须具备聪慧、美德、善意等能够使听众觉得可信的品质。情感诉求是指通过对听众心理的了解来诉诸他们的感情,用言辞去打动听众,即我们通常所说的“动之以情”。它是通过调动听众情感以产生说服的效力,或者说是一种“情绪论证”,主要依靠使听众处于某种心情而产生。理性诉求是指言语本身所包括的推理证明,即“逻辑论证”,演讲者通过理性推理来说服听众,使之与自己达成共鸣。“例证法”是演讲者最常用的一种逻辑论证。

亚里士多德在《修辞学》中提出,诉诸情感是三种主要的修辞论证方法之一,是激发或控制听众心理反应的修辞力量,是一种“感召力”。他认为“情感的改变会引起不同的判断”,听众在不同的情感(Emotion)心境下所下的判断是不同的。演说者只有了解听众的心理,才能激发和控制他们的情感,才能使之向演说者所期望的方向发展。

人的情感丰富多彩,生活中存在着友爱、恐惧、嫉妒、怨恨和怜悯等多种情感。情感诉诸通过研究受话者的心理及情感,从而选择适当的感情诉诸手段来引起态度、观点或感情的改变,例如通过带倾向或暗示的语句去引导受话者。一个善于遣词造句的发话者正是通过注重那些传递感情的细节描写,来增强其劝说过程中感情的影响力,从而抓住受话者的感情。

### 二、演讲中的诉诸技巧

在广告中经常使用的七种诉求技巧是:

(1)从众心理(Bandwagon)。

(2)名人推荐(Testimonial)。

(3)形象转移(Transfer)。

(4)平民政策(Plain Folks)。

(5)攻讦(Name Calling)。

(6)泛泛赞誉(Glittering Generalities)。

(7)码牌(Card Stacking)。

这些诉诸情感的策略不仅在广告中经常出现,在演讲中也常被使用。此外,演讲中还会使用其他的诉求,例如:

(1)诉诸权威(Appeal to Authority)。

(2)诉诸恐惧(Appeal to Fear)。

(3)诉诸爱国主义(Appeal to Patriotism)。

(4)诉诸同情(Appeal to Sympathy)。

(5)诉诸传统(Appeal to Tradition)。

亚里士多德的三种修辞劝说模式,逻辑诉诸、人格诉诸和情感诉诸,在说服他人的过程中不是相互孤立的,而是互相配合、互相补充的。

## 第五节　教学设计

**1. 教学目标**

(1)了解广告中的诉诸策略。

(2)识别演讲中的诉诸策略。

**2. 教学内容**

(1)“宣传分析学院”IPA 总结出 7 种常见的宣传手段。

(2)亚里士多德的演讲三原则包括人品诉求、情感诉求、和理性诉求。

**3. 教学材料**

广告图片、广告视频等多模态素材。

**4. 教学方法**

(1)搭配法:搭配技巧名称与含义。

(2)抢答法:学生识别广告图片或视频中应用的诉诸技巧。

(3)小组讨论法:小组设计一个除草机广告。

**5. 教学重点**

(1)知识点识记。

(2)知识点应用。

知识点应用包括广告文案的设计、各组之间的评价,和文案修改三个阶段。

# 第五章　模块2:辨识非形式谬误

## 第一节　谬误研究的起源与发展

### 一、亚里士多德的谬误研究

谬误理论研究历史悠久。关于谬误的论述,亚里士多德的研究最为系统。亚里士多德的谬误理论主要载于《工具论》的《辩谬篇》和《前分析篇》,另外在《修辞学》一书中也有所阐述。

亚里士多德的著作《工具论》包括《论辩篇》《辩谬篇》《范畴篇》《解释篇》《前分析篇》和《后分析篇》。《辩谬篇》是西方历史上第一本系统地研究谬误的逻辑著作。在《辩谬篇》中,亚里士多德对谬误做了全面系统的分析。在《前分析篇》中,三段论理论的建立和变相的使用标志着亚里士多德真正地创立了形式逻辑学。这本书也从形式逻辑角度对谬误做了考查,但仅限于与三段论理论相关的形式谬误。亚里士多德在另一篇著作《修辞学》中则对谬误做了取舍和补充,主要侧重演讲中所出现的谬误。王路(1983)认为这些研究和论述体现了亚里士多德关于谬误的全部理论。

《辩谬篇》讨论的就是谬误,一共识别出了十三种谬误。亚里士多德以语言为分类标准,将在反驳中出现的谬误分为两类,一类是与语言有关的谬误,另一类是与语言无关的谬误。

与语言相关的谬误有六种:

(1)语义双关。

(2)歧义语词。

(3)合并所造成的谬误。

(4)分解所造成的谬误。

(5)错放重音所造成的谬误。

(6)与表达形式有关的谬误。

与语言无关的谬误主要有七种:

(1)由于偶然性而产生的谬误。

(2)由于意义笼统而产生的谬误。

(3)由于对反驳的无知而产生的谬误。

(4)由于结果而产生的谬误。

(5)因假定尚待论证的基本观点而产生的谬误(“预期理由”的谬误)。

(6)把不是原因的事当作是原因而产生的谬误。

(7)将多个问题合并成一个问题而产生的谬误。

在《前分析篇》中亚里士多德专门讲了谬误,其主要谬误有三种:

(1)诉诸和假设初始问题。

(2)虚假原因。

(3)出于词项安排而产生谬误。

《前分析篇》关于谬误的论述没有超出《辩谬篇》的范围,但论述主要在推理形式方面。在《修辞学》中亚里士多德讲述了九种谬误,具有修辞学的特点,但基本也没有超出《辩谬篇》的范围。

亚里士多德的谬误理论一直视为标准谬误理论,具有不可动摇的历史地位。尽管亚里士多德的谬误分类是不完善的,但是,其谬误分类为后来的许多逻辑学家所接受并影响至今。

## 二、谬误研究的发展

亚里士多德关于谬误的研究成果在很长时间被当作权威,直到文艺复兴时期,大多数学者仅仅是重复亚里士多德的观点。然而,这一时期谬误研究史上出现了一种新的、重要的谬误分类,这就是由英国哲学家培根提出的"幻象说"。"幻象说"致力于探索和分析人类认识之所以产生谬误的原因,代表着培根力图扫除人类认识障碍的一种努力。在《新工具》中,培根把幻象分为四种。种族幻象(Idols of the Tribe),指人们常把人类的本性混杂到事物本性中,因而歪曲了事物的真相;洞穴幻象(Idols of the Tribe),指个人从自己的性格、爱好、所受教育、所处环境出发来观察事物,因而歪曲事物真相;市场幻象(Idols of Market),指人们在相互间的交际和联系中,由于交际中语言概念的不确定、不严格而产生的思维混乱;剧场幻象(Idols of Theatre),指不加批判而盲目顺从传统的或当时流行的各种科学和哲学的原理、体系及权威,受其错误的理论和歪曲的论证的影响而形成的错误。培根的"四幻象说"深刻揭示了人的主观性、片面性是产生谬误的原因。

学者们已经注意到了谬误分类的困难所在,但后人仍不断致力于对谬误分类的研究。究其原因,如其他科学中的分类一样,谬误分类可以使我们对谬误的研究系统化,有助于把握某种类型谬误的特性。

在文艺复兴时期,除了培根的"四幻象说",英国哲学家约翰·洛克(John Locke,1632—1704)研究了"诉诸……"的论证。在《人类理解论》中,他分析了"诉诸权威""诉诸无知""诉诸情感"和"诉诸人身"等四种论证方法。尽管洛克并没有明确断定"诉诸……"论证是否都是谬误,但他对此类论证的研究被后来的学者引进谬误研究领域,成为谬误的一个重要类型,洛克本人也因此被称为"诉诸……"谬误的发明者。

理查德·怀特莱(Richard Whately,1787—1863),是英国逻辑学家、修辞学家。在逻辑方面的代表作是1826年出版的《逻辑要义》(Elements of Logic)。怀特莱主张用"逻辑的观点"来分析、处理谬误"重要的是给出划分逻辑的(Logical)和非逻辑的(Non-Logical)谬误原则,在此原则的基础上,将会使所有混乱得到澄清。"据此,他把谬误分为两类——逻辑的谬误和非逻辑的谬误。前者是论证的结论不能从前提推出,它们违反了逻辑所制定的推理规则;后者是前提能推出结论,或者是前提被不当假定,或者所推出的结论并非所欲得出的,因而又称为“实质谬误”(Material Fallacy)。对这两种类型,怀特莱还给出了进一步的分类。逻辑谬误包括纯逻辑谬误(Pure Logical Fallacy)和半逻辑谬误(Semi-Logical Fallacy),非逻辑谬误包括前提被不当假定(Premises Unduly Assumed)和结论不相干(Conclusion Irrelevant)。可以看出,怀特莱的谬误分类和亚里士多德的谬误分类有很大不同。亚氏的谬误分类是以语言为划分标准,怀特莱的谬误分类以清晰的逻辑原则为依据。怀特莱的谬误分类是继亚里士多德之后最重要、最有影响的分类。

美国著名逻辑教育家欧文·M·柯比(Irving M. Copi,1917—2002)把谬误分为形式(Formal)和非形式(Informal)两种。前者指称那些其错误在于推理形式的论证;后者指在推理形式或论证中,由于不小心或未留意题材,或出于建构论证时某些歧义缺陷而导致的谬误,简言之,这类谬误之错误不在推理形式而在实质或内容方面。非形式谬误又可以分为:相关谬误(Fallacies of Relevance)和歧义谬误(Fallacies of Ambiguity)。而对形式谬误、相关谬误和歧义谬误,柯比又给出了更详细的划分,如图5.1所示。

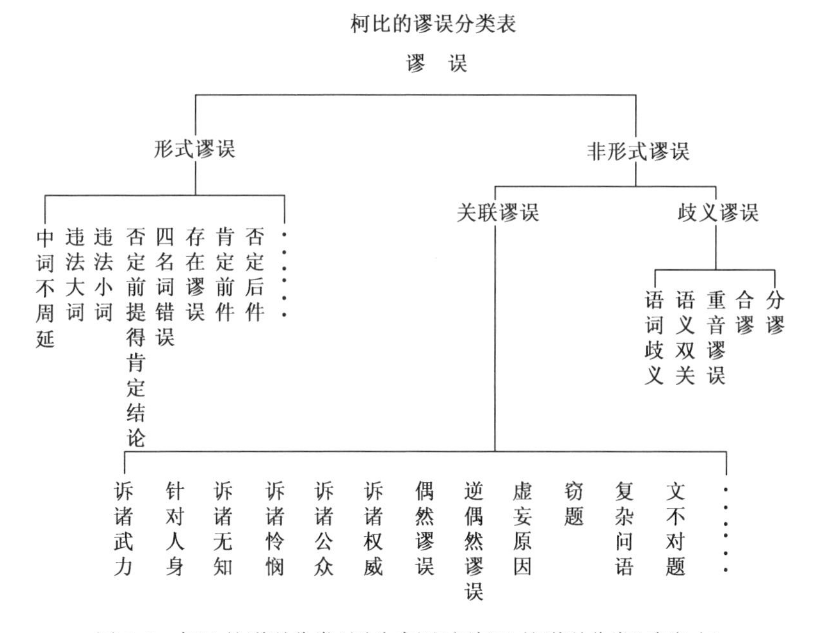


图5.1　柯比的谬误分类(图片来源“评柯比的谬误分类”武宏志)

查尔斯·汉布林(Charles L. Hamblin,1922—1985)是澳大利亚哲学家、计算机科学家。20世纪60年代以前,汉布林主要从事计算机科学和人工智能的研究。从20世纪60年代开始,他开始转向哲学研究,特别是论辩哲学(the Philosophy of Argumentation)的研究,撰写了两部非常有影响的著作。其一是《谬误》(Fallacies,1970),这是一部集中研究古典的逻辑谬误的专著,通过考察自亚里士多德以来主要学者在谬误问题上的见解,揭示传统谬误理论的不足。在书中,汉布林通过对谬误史的回溯和对传统谬误学说的批评,提出了自己的谬误处理方法—形式论辩术(Formal Dialectic),极大地激励、推动了后来的谬误研究,对当代谬误理论的发展产生了重大影响。

非形式逻辑学家沃尔顿(Douglas Walton,1942—)继承与发展了汉布尔的谬误思想。

区分了诉诸专家意见、诉诸公众意见、诉诸模拟、诉诸因果关联、诉诸后果、诉诸迹象、诉讼承诺、针对个人、诉诸言辞分类等多种论证形式。以范爱默伦为首的语用论辩理论家们从批判性讨论视角给出一套规则，并将其作为判定谬误的必要条件。

与西方逻辑学界对谬误持续而富有成果的研究相比，中国的谬误研究在逻辑领域内并没有形成强有力的传统，更没有形成有关谬误的系统理论。经过长时期的沉寂，我国的谬误研究才在近代有了缓慢发展。这一时期谬误研究虽没有专著问世，却有诸多西方的谬误研究成果被介绍到国内，尤其是在西方流传极广的穆勒、耶方斯等人的谬误理论，如严复翻译的《穆勒名学》、王国维翻译的《辩学》等。

在相当长的一段时间里，谬误研究停滞不前。1982 年李匡武先生发表了《论逻辑学谬误》一文，详细评述了西方逻辑学界有关谬误的研究成果，尤其是亚里士多德(Aristotle)、穆勒(J. S-Mill)和柯比(I-M. Copi)的谬误分类，是当代中国最早较为详细、系统的介绍、评价西方谬误理论的文章。之后，李先焜、黄展骥、武宏志、丁煌、刘春杰等人逐渐成为谬误研究的主力，他们借鉴西方最新研究成果，发表了大量文章，并有若干专著和译著问世。

## 第二节　谬误及其种类

非形式逻辑是运用自然语言进行论述的方式，其目的不在建立形式化的系统，而是要提高人们批判性思维的能力，以利于人们在日常生活和工作中进行论辩。非形式逻辑研究的三个热点是谬误、论辩修辞学和辩证法。谬误是研究热点之一。

在认识论中，“谬误”一词与“真理”相对，指同客观事物及其发展规律相违背的认识。在逻辑学中，它有几种不同的解释：

一种是泛指人们在思维和语言表达中所产生的一切逻辑错误；一种是指由于违反逻辑规律和规则而产生的各种逻辑错误；另一种是仅指由于违反论证规则而产生的各种逻辑错误。

### 一、谬误的分类

依据推论的形式和内容，谬误的种类可以划分为形式谬误和非形式谬误。

非形式谬误主要包括歧义性谬误、相干谬误和论据不足谬误。

**1. 歧义性谬误(含混谬误)**

一个词项、语句在前提中具有一种意义，但在结论中却是另一种相当不同的意义。这类谬误包括以下形式：

(1)语词歧义。

(2)语句歧义(构型歧义)。

(3)强调谬误。

①错置重音。

②视觉强调。

③断章取义。

(4)合成的谬误。

(5)分解的谬误。

**2. 相干谬误(论据与论题心理相关,而非逻辑相关)**

(1)诉诸无知(From Ignorance)。

(2)诉诸情感(包括诉诸怜悯 Appeal to Pity、同情 Appeal to Sympathy)。

(3)诉诸个人(包括诉诸权威 Appeal to Authority、因人纳言、因人废言、人身攻击 Attacking the Person)。

(4)诉诸众人(Popularity)。

(5)诉诸强力(Appeal to Force)。

(6)诉诸武断(Wishful Thinking)。

(7)诉诸传统等(Appeal to Tradition)。

**3. 论据不足的谬误(论据在内容上对论题不支持或不完全支持)**

(1)统计的谬误。

①错误抽样的谬误。

②数字与结论不相关。

③掩人耳目的百分比。

④平均数谬误。

⑤大小数字的陷阱。

⑥赌徒谬误。

(2)因果的谬误。

①巧合谬误(Coincidental Correlation)。

②无足轻重(Genuine but Insignificant Cause)。

③倒因为果(Wrong Direction)。

④复合原因(Complex Cause)。

(3)窃取论题的谬误(Begging the Questions)。

(4)滑坡谬误(Slippery Slope)。

(5)类推的谬误(False Analogy/Weak Analogy)。

(6)稻草人(Straw Man)。

(7)非黑即白(Either... Or/False Dilemma)。

## 二、推理中非形式谬误

从论证推理的角度出发,非形式谬误(Errors in Reasoning)可以分为两大类:一是偷换主题,二是草率结论。

偷换主题(Changing the Subject)说明论证中存在"不相干"(Irrelevance)现象,也就是忽视了论题本身(Ignore the Issue)。循环论证(Circular Reasoning)、人身攻击(Personal Attack)、稻草人(Straw Man)这三种谬误属于这个分类。

草率结论(Hasty Generalization)说明论证中具有"不充分"(Inadequacy)现象,也就是使论题过于简单化(Oversimplify the Issue)。错误归因(False Cause)、错误类比(False

Comparison)、非此即彼(Either-Or)这三种谬误属于这个分类。

**1. 忽略论题本身的谬误**

(1)循环论证(Circular Reasoning)。

起到支撑作用的理由本身也是结论(The supporting reason is really the same as the conclusion)。

例如:Mr. Green is a great teacher because he is so wonderful at teaching.

(2)人身攻击(Personal Attack)。

忽略了讨论中的命题本身,把矛头指向了对手的性格或者是生活隐私(Personal attack ignores the issue under discussion and concentrates instead on the character or personal life of the opponent)

例如:Why support Ray O'Donnell's highway safety proposal? He's got the biggest collection of speeding tickets in the district.

(3)稻草人(Straw Man)。

这个谬误是暗示对手热衷一个非常明显地不受人欢迎的理由,但实际上对手根本不支持这个理由。这个编造出来的理由就如同一个稻草人很容易被击倒(The straw man fallacy suggests that the opponent favors an obviously unpopular cause, but the opponent really doesn't support anything of the kind. That made-up position is easily beaten like a straw man)。

例如:A local association wants to establish a halfway house(康复医院)for former mental patients in our neighborhood. But the neighbors oppose the idea; they say they don't want dangerous psychopaths(精神病患者)roaming our streets.

**2. 使论题过于简单化的谬误**

(1)错误归因(False Cause)。

这种谬误是假设因为事件 B 跟随在事件 A 之后发生,所以事件 B 是由事件 A 引起的(The mistake is to assume that because event B follows event A, event B was caused by event A)。

例如:I used this pen for my English exam and I passed. I will use it again for the next exam.

(2)错误类比(False Comparison)。

这种谬误是假设两件事情极其相似而实际并非如此,所以叫作错误比较。因为两件事情不可能在所有方面都是相似的,所有比较或者类比经常会给论证提供不力的证据(The assumption that two things are more alike than they really are is called false comparison. Because two things are not alike in all respects, comparisons or analogies often make poor evidence for arguments)。

例如:I don't know why you're so worried about my grades. Albert Einstein had lousy grades in high school, and he did all right.

(3)非此即彼(Either-Or)。

这个谬误只提供了两个对立的选择,而实际上有多种选择存在。假设一个问题只有两面是错误的(It is often wrong to assume that there are only two sides to a question. Offering only two choices when more actually exist is an either-or fallacy)。

例如:You'll either have to get a good job soon or face that you'll never be successful.

### 三、正确认识谬误

识别谬误,当须理论与形式相结合,先观其表,再探其实,分析其成因,了解其实质,掌握其表现,认知其危害。

(1)正确评估论证,分析谬误成因。

(2)循名责实,把握谬误实质。

(3)掌握广博知识,提高识辨能力。

要避免谬误的发生,首要在于针对不同的谬误采取不同的对策。其次,需熟练地掌握各种技巧方法,结合自己丰富的知识和经验综合分析,全面论证,则更能有效避免。

在排查谬误时应做到以下几点:

①站在反对相关结论的角度,反观论证中哪些部分比较可疑,哪些部分最为薄弱,然后重点加强这些部分。

②列出论证的各个要点,在其下方分别列出相应的证据,这样也许就会发现某个提法并无过硬证据,或者可以更为严格地审查所采用的证据。

③了解自己特别容易发生哪些逻辑谬误,检查自己的文章中是否出现这些谬误。有些人频频"诉诸权威",有些人则更容易"类比失当"或者发生"稻草人"谬误。

④注意宽泛的说法,它们较之有所限制的说法需要更多的证据。说法中若有涵盖全部的词语如"所有""非""无""每个""向来""从不""无人""人人"之类,虽然有时是合适的,但较之不那么绝对的词语,如"有些""很多""不多""有时""通常"等等,需要给出多得多的证据。

⑤检查并复核涉及他人品格的用语,尤其是涉及对手品格的用语,确保这些用语准确、得当。

## 第三节　谬误名词解释

### 一、合成的谬误

特点:由部分、元素的性质不恰当地推论整体、集合的性质。

### 二、分解的谬误

特点:把集合、整体的性质不恰当地推论到元素、部分的性质上。

### 三、诉诸无知

特点:以某一命题的未被证明或不能被证明为据,而断言这一命题为真或假。

形式1:因为尚未证明(或不能证明)A真,所以A假。

形式2:因为尚未证明(或不能证明)A假,所以A真。

形式3:因为不知道,所以不存在、不为过。

某些法盲犯罪后,常常在预审或庭审中用自己不懂法律,“不了解这样做是犯罪”等来为自己罪行辩护,甚至论证自己无罪。

## 四、诉诸情感

特点:在论证中仅利用激动的感情、煽动性的言辞或其他有计划的手段,以博取情感,激起兴奋、愤怒或憎恨,去拉拢听众,去迎合一些人的不正当的要求,以使别人支持自己的论点。

特例:诉诸怜悯(诉诸同情)

特点:诉诸感情,打动人的怜悯心,博得同情,诱使人相信其论题。

## 五、诉诸个人

特点:以某个人的言语行为作为判别某个论题真假的标准。

### 1. 权威与诉诸权威

权威指的是在某个领域的某些方面成为结论性陈述或证明来源的个人或组织。特定领域里的权威人士或权威机构,不仅是该领域具有丰富经验和远见卓识的内行,而且在其所属领域发表意见的态度通常比其他机构或个人更加慎重和严谨。

在论证中,正当地使用权威的言论可以形成支持结论的良好理由(合理地诉诸权威)。然而,把权威的只言片语视为绝对真理而用以论证一切、引用权威的观点论证其所属领域之外的主张,或引用权威的身份进行论证,就是不当地诉诸权威。不当地诉诸权威也叫滥诉权威或迷信权威。

### 2. 因人纳言和因人废言

因人纳言:仅根据论证者个人品德高尚、才华出众、处境优越或自己对论证者的好感就轻率地肯定其论断或观点,而不考虑其论断本身的内容是否真实或其论证过程是否正确。

因人废言:仅根据论证者在品质、名声方面的缺陷,所在处境的特殊性或以往有过错等方面的原因就轻率地否定其论断或观点,而不考虑其论断本身的内容是否真实或其论证方式的正确性。

### 3. “人身攻击”与“人身保护”

论证问题不是针对对方的观点发表意见,而是针对提出观点的人的出身、职业、品德、处境与论题无直接关系的方面进行攻击,以降低对方言论的可信度。

## 六、诉诸众人

特点:“以众取证”,论证中援引众人的意见、信念或常识,迎合某些人的需要,以使之支持自己的观点。

### 七、一厢情愿

错谬:以自己单方面的想法作为论证根据。

### 八、诉诸传统

特点:仅以一种看法与传统的关系为依据,判定它的真假或价值。

### 九、窃取论题的谬误

又叫丐题、诉诸同样原则、循环论证:一个原本要被论证的命题早已在前提中被假定为真。

### 十、滑坡的谬误

即认为如果对方接受C1这个命题,那么他/她便要接受另一与C1有密切相关的命题C2,继而要接受命题C3……最终会推衍出一个荒谬或无法令人接受的结论。这样的推理犯了谬误,仅当认为接受最初的命题(C1)便要接受其余的命题(C2、C3……)是不合理的。

### 十一、类推的谬误

特点:以两件不相似的事件/事物作类比。

### 十二、稻草人的谬误

特点:论辩中有意或无意地歪曲对方的立场以便能够更容易攻击对方,或者回避论敌较强的论证而攻击其较弱的论证。

### 十三、非黑即白

特点:为多于一个答案的问题提供不足(通常两个)的选择,即是隐藏了一些选择,最典型的表现是非黑即白观点。

## 第四节　因果谬误

因果谬误指在探究因果联系的过程中,由于忽视或错认某些相关条件和相互关系而导致的谬误。主要有巧合谬误、无关轻重、倒因为果、复合原因等。

### 一、巧合谬误

特点:以个别情况肯定某种因果关系。

### 二、无足轻重

特点:举出无足轻重的次要原因论证,遗漏真正的主因。

### 三、因果倒置/倒因为果

特点:认因为果,或认果为因。

### 四、复合原因

特点:只指出多个原因中的其中一个为事件主因。

## 第五节　统计谬误

统计谬误是指运用统计推理时未能满足特定的相关条件而导致结论的可信度降低的谬误。主要有:

①错误抽样的谬误。

②数字和结论不相关。

③掩人耳目的百分比。

④平均数谬误。

⑤大小数字的陷阱。

⑥赌徒谬误等。

### 一、错误抽样的谬误

错误抽样的谬误指在做出归纳概括过程中抽样不合理(如抽样片面、样本不具代表性等)而产生的谬误。

影响样本代表性的三个因素有:样本的大小、范围和抽样的随机性。

小的样本不足以反映总体的特性。仅根据几个具体事例就得出绝对的结论,这样的推论是极不可靠的。

如果抽样的范围过窄,那么统计数据不足为凭。影响统计推理结论的可靠性的不仅仅是调查对象数量,调查的范围也很重要。

### 二、数字与结论不相关

在评价论证过程中,我们需要仔细分析从论证的数字中可以推出什么结论。如果发现由推理中给出的数字所推出的结论与推理的结论不相符,也许我们就发现了推理的错误所在。

在很多情况下,统计推理的前提与其结论之间貌似相关,而实际上却不相关。

注意:说话人是如何使用统计数据的?说话人有没有对统计数据做出引申,引申的适当程度如何?

数字和结论相关吗?在遇到一个统计推理时,我们应先将推理中出现的统计数字放到一边,考虑一下,什么样的统计数字可以证明推理的结论?然后,把证明结论所需要的数字与推理中所给出的数字比较一下。如果二者毫不相干,或许我们就可由此发现推理的错误。

## 三、掩人耳目的百分比

掩人耳目的百分比指利用百分比眩人耳目。论证中使用了确切的百分比,却疏漏了一件重要的信息——百分比之所凭依的绝对数字。

其一,使用小的基数加大百分比可以使人们相信夸大了的事实。

其二,使用大分母的百分比可以使人相信,某种现象并不重要,或不值得重视没有必要大惊小怪。

其三,在不该使用百分比的情况下使用百分比,是诱人上当的另一种把戏。其秘诀是,隐蔽大、小绝对数的实际差异,对不同的百分数进行错误的比较,从而使人产生错误的印象。

认清百分比真相:百分比只是一个相对数字,它不能反映对象的绝对总量。如果在统计推理中遇到百分比,我们务必要问问自己,是否需要知道这些相对数字所依凭的绝对总量。

## 四、平均数谬误

平均数谬误指基于平均数假象而引申出一般性结论的谬误。“平均数”的三种不同含义:算术平均数、众数和中位数。

算术平均数是指一组数值的总和除以这组数值的个数所得到的数。众数是调查对象中出现次数最多的数。中位数是将所有数据从高到低排列起来,居于数列中间位置的那个数。如果数列的项数是偶数,则把居于中间位置的两个数字加以平均,得到的便是中位数。

(1)不恰当地使用算术平均数。

算术平均数的特点是拉长补短,以大补小,大、小数字互相抵消,以最终求得的结果代表对象总体的某种一般水平。算术平均数掩盖了实际上的不平均,通过算术平均数设计的数字陷阱主要是利用了算术平均数的这一特点。

极端值可以将平均数向上拉动,也可以将它向下拉动。

(2)不恰当地使用众数。

众数的大小不随极端值的变化而变化,因而它也无法反映极端值对调查对象整体水平的影响。在该使用算术平均数的时候使用众数,会给人造成错误的印象。

(3)不恰当地使用中位数

中位数也不能反映调查对象的数量分布情况。

在遇到“平均”值时,需永远追问:如果其指的是平均数、中位数或众数,情况将会有何不同?要回答这个问题必须考虑的是,如若使用了平均的不同含义,信息的意义会出现怎样的变化。

### 五、大小数字的陷阱

在论证中为了需要任意操纵数字,使用庞大的数字可以让人相信,事实的确如此;使用微小的数字可以让人觉得,某事微不足道。其实,由这些大、小数字得出的结论有些是荒唐至极的。

遇到畸大或畸小的数字时请追问:说话人为什么要使用这些数字,他用百分比是不是更能说明问题。

### 六、赌徒谬误

赌徒谬误是指有人根据一事件新近不如所期望的那样经常出现,便推断不久它出现的概率将会增加的统计推理谬误。该谬误产生的根源在于意识不到事件的独立性。由于赌徒们经常犯这种错误,故以此命名。

## 第六节　教学设计

**1. 教学目标**

(1)利用思维导图整理非形式谬误的种类(见图5.2)。

(2)识别谬误类型。

**2. 教学内容**

(1)谬误研究的发展。

(2)谬误的种类(见思维导图)。

**3. 教学重点**

统计的谬误。

**4. 教学难点**

谬误的种类的识别。

**5. 教学方法**

小组讨论、头脑风暴。

**6. 教学素材**

分析下面的观点或结论中含有哪些统计谬误。

①A省出了1个世界冠军,B省出了3个世界冠军。可见,B省体育普及工作和训练水平比A省好得多。

②有一个故事讲的是很多年前有一个人坐飞机到处旅行。他担心可能哪一天会有一个旅客带着隐藏的炸弹。于是他就总是在他的公文包中带一枚他自己卸了火药的炸弹。他知道一架飞机上不太可能有某个旅客带着炸弹,他又进一步推论,一架飞机上同时有两个旅客带炸弹是更加不可能的事。事实,他自己带的炸弹不会影响其他旅客携带炸弹的概率,这种想法无非是以为一个硬币扔出的正反面会影响另一个硬币的正反面的另一种形式而已。

③学生在学校上晚自习的比在家自习效果好。调查结果显示,有1 500名家长认为,初中生应该在学校上晚自习。

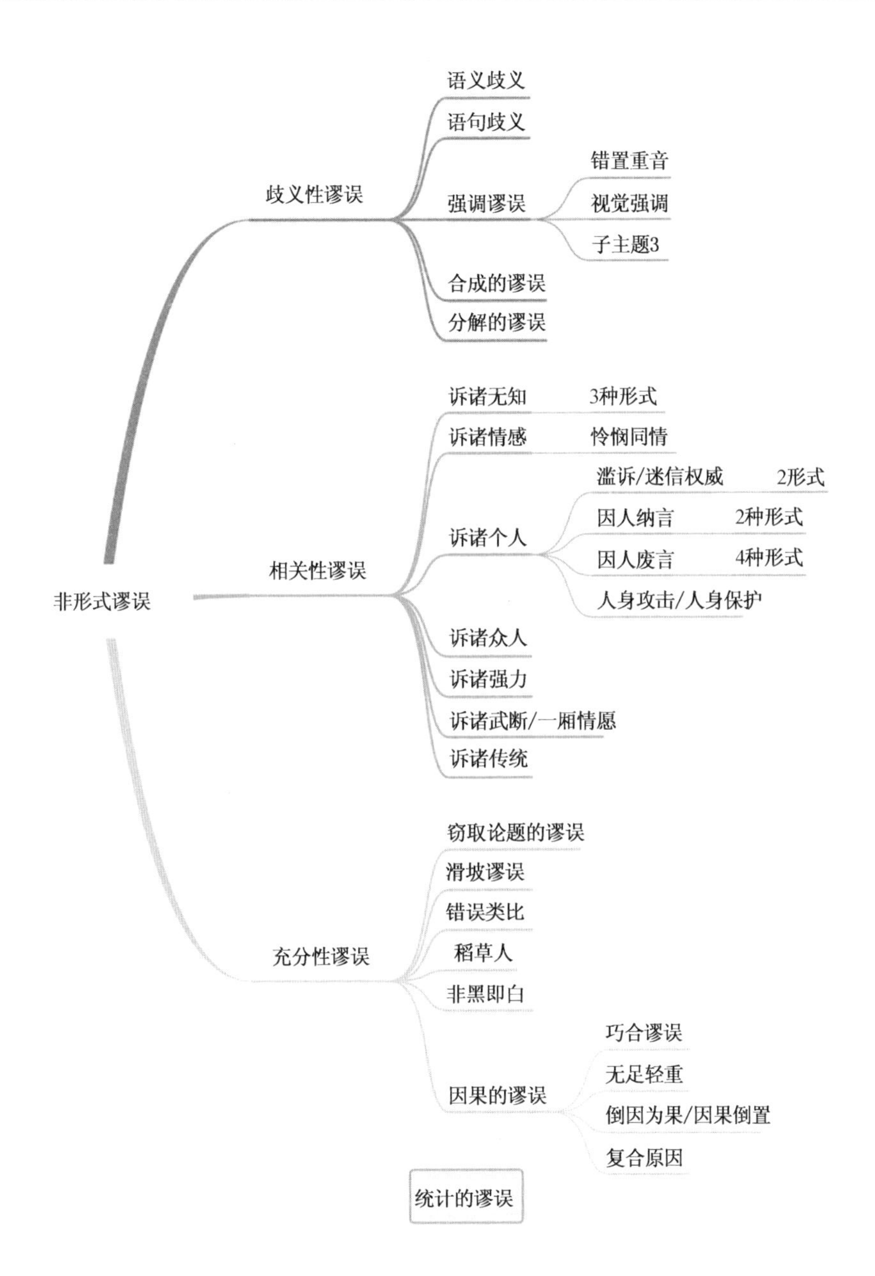


图 5.2　非形式谬误的种类

# 第六章　模块 3:尝试苏格拉底问答法

## 第一节　苏格拉底简介

### 一、苏格拉底简介

苏格拉底(Socrates)(公元前 469 年 ~ 公元前 399 年),是古希腊著名的思想家、哲学家、教育家、公民陪审员。苏格拉底提出的哲学思想和教育思想都对整个西方文明及世界文明做出了不可估量的伟大贡献。

苏格拉底和他的学生柏拉图,以及柏拉图的学生亚里士多德并称为“古希腊三贤”,被后人广泛地认为是西方哲学的奠基者。苏格拉底是古希腊时期哲学思想的源泉,不断地给当时的希腊注入新鲜的思想力量。在教育方面他坚持认为治国人才必须受过良好的教育,主张通过教育来培养治国人才。苏格拉底采用的“诘问式”,也就是被后人称为“苏格拉底问答法”的教育方法对西方的思维方式有极为重要的贡献。

苏格拉底在晚年的时候,被雅典法庭以侮辱雅典神、引进新神论和腐蚀雅典青年思想之罪名判处死刑。身为雅典的公民,据记载,尽管苏格拉底曾获得逃亡的机会,但他最后仍选择饮下毒槿汁而死,因为他认为逃亡只会进一步破坏雅典法律的权威。

苏格拉底无论是生前还是死后,都有一大批狂热的崇拜者和一大批激烈的反对者。他一生没留下任何著作,他的行为和学说,主要是通过他的学生柏拉图和色诺芬著作中的记载流传下来。

柏拉图关于苏格拉底审判的主要作品:

①《申辩篇》(苏格拉底在法庭的辩护词)。

②《克力同篇》(苏格拉底在监狱拒绝出逃)。

③《菲多篇》(临终前讨论理念与灵魂的关系)。

### 二、苏格拉底与孔子的对比

孔子提出的儒家思想贯穿中国的历史和文化发展。中国人的“中和思维”源自孔子以“仁、义、礼、智、信”为核心的儒家思想,尤其是“仁”“礼”之道,更成了中国人处事的基本参考。《论语》中曾出现次数最多的两个字是“仁”和“礼”,可见这两个字在中国哲学中的重要性。这也造就了中国人习惯避开针锋相对,愿意选择“退一步海阔天空、忍一时风平浪静”的潜意识。大体上说,这些思想在我们身上都存在。可正是儒家这种“人、自然、和谐不争”的思维,让我们中国不至于像古巴比伦、古印度、古希腊文明那样成为化石。

苏格拉底与孔子都是轴心国时代在各自国家开创文化先河的卓越人物。表6.1显示他们之间的对比。

表6.1　苏格拉底与孔子的对比

| | 苏格拉底 | 孔子 |
|---|---|---|
| Who | 古希腊著名的思想家、哲学家、教育家、公民陪审员 | 中国古代思想家、教育家,儒家学派创始人 |
| When | 公元前469年—公元前399年 | 公元前551年—公元前479年 |
| Where | 古希腊雅典 | 中国春秋末期鲁国人 |
| 教育思想 | 苏格拉底的教育目的是造就治国人才。<br>他认为治国人才必须受过良好的教育,主张通过教育来培养治国人才 | “性相近也,习相远也”<br>“有教无类”<br>“学而优则仕”<br>“弟子入则孝,出则悌,谨而信,泛爱众,而亲仁。行有余力,则以学文” |
| 政治思想 | 苏格拉底主张专家治国论,他认为各行各业,乃至国家政权都应该让经过训练,有知识才干的人来管理,而反对以抽签选举法实行的民主。他说:管理者不是那些握有权柄、以势欺人的人,不是那些由民众选举的人,而应该是那些懂得怎样管理的人 | 孔子的政治思想核心内容是“礼”与“仁”,在治国的方略上,他主张“为政以德”,用道德和礼教来治理国家是最高尚的治国之道 |

## 三、苏格拉底的哲学思想

苏格拉底的哲学思想主要体现在以下几个方面:

**1. 心灵**

苏格拉底把哲学从研究自然转向研究自我,即后来人们所常说的,将哲学从天上拉回到人间。他的名言是认识你自己。从苏格拉底开始,自我和自然明显地区别开来;人不再仅仅是自然的一部分,而是和自然不同的另一种独特的实体。

**2. 灵魂**

苏格拉底明确地将灵魂看成是与物质有本质不同的精神实体。在苏格拉底看来,事物的产生与灭亡,不过是某种东西的聚合和分散。他将精神和物质明确对立起来。

**3. 真理**

反对智者们的相对主义,认为“意见”可以有各种各样,“真理”却只能有一个;“意见”可以随个人以及其他条件而变化,“真理”却是永恒的,不变的。

**4. 辩证**

苏格拉底认为一切知识,均从疑难中产生,愈求进步疑难愈多,疑难愈多进步愈大。苏氏自比产婆,从谈话中用剥茧抽丝的方法,使对方逐渐了解自己的无知,而发现自己的错误,建立正确的知识观念。这种谈话的特点在于:谈话是借助于问答,以弄清对方的思路,使其自己发现真理。苏格拉底反诘法(Socratic irony)在西方哲学史上,是最早的辩证法的形式。

**5. 教育**

苏格拉底的教育目的是造就治国人才。关于教育的内容，他主张首先要培养人的美德，教人学会做人，成为有德行的人；其次要教人学习广博而实用的知识。最后，他主张教人锻炼身体。

**6. 伦理**

苏格拉底建立了一种美德即知识的伦理思想体系，其中心是探讨人生的目的和善德。苏格拉底认为，一个人要有道德就必须有道德的知识，一切不道德的行为都是无知的结果。

**7. 辩论**

辩论中他通过问答形式使对方纠正、放弃原来的错误观念并帮助人产生新思想。这种问答分为三步：第一步称为苏格拉底讽刺，他认为这是使人变得聪明的一个必要的步骤，因为除非一个人很谦逊"自知其无知"，否则他不可能学到真知。第二步叫定义，在问答中经过反复诘难和归纳，从而得出明确的定义和概念。第三步叫助产术，引导学生自己进行思索，自己得出结论。

## 第二节　苏格拉底问答法

### 一、苏格拉底问答法的特点

苏格拉底倡导的一种探究性质疑（Probing Questioning）方式也叫作"苏格拉底方法"（The Socratic Method）。苏格拉底与人交流讨论问题时常用诘问法或反诘法（Socratic Irony），也就是被后人称为"苏格拉底问答法"（Socratic Questioning），或"产婆法"，即"为知识接生的艺术"（The art of intellectual midwifery）。"苏格拉底方法"对西方的思维方式有极为重要的贡献。

苏格拉底问答法主要有下列两种特点：

**1. 怀疑的**

苏格拉底认为一切知识，均从疑难中产生，愈求进步疑难愈多，疑难愈多进步愈大。由怀疑而引出问题，这不是表示苏格拉底傲慢自大，或自命为智者；事实上恰好相反，苏格拉底本人是非常谦虚的。他常说："我知道自己的愚昧，我非智者，而是一个爱智的人。"此外，苏氏所谓"怀疑"是研究学问和讨论问题的方法，别于古代希腊怀疑论者之所谓的"怀疑"；前者以怀疑为方法，作为探求真知的手段；后者以怀疑为目的，始于怀疑，而终于怀疑，结果则毫无所得。

**2. 谈话方式**

在讨论时，采用谈话的方法，以辩论为技术，而寻求真理和概念的正确定义。其真理的发现，是在讨论和问答法中进行。这种方法之所以被称为"产婆法"，或"为知识接生的艺术"，是因为知识原存于对方的心灵内，不过他自己因受其他错误的观念所蔽，而没有发现罢了。苏各拉底自比产婆，从谈话中用剥茧抽丝的方法，使对方逐渐了解自己的无知,而发现自己的错误,建立正确的知识观念。

这种谈话也有几个特点:第一、谈话是借助于问答,以弄清对方的思路,使其自己发现真理。在谈话进行中,苏格拉底偏重于问,他不轻易回答对方的问题。他只要求对方回答他所提出的问题,他以谦和的态度发问,由对方回答中而导引出其他问题的资料,直至最后由于不断的诘询,使对方承认他的无知。在发问的过程中,苏格拉底给予学生以最高的智慧,此即有名的苏格拉底反诘法(Socratic Irony)。

## 二、苏格拉底提问法的环节与原则

苏格拉底提问法通过连续地提出问题,让被提问者通过理性思考,发现谬误、拓宽思路、获得启发、找到真相的过程,最终得出自己的结论,这就是苏格拉底提问法。苏格拉底认为,知识原本就存在于对方的心灵内,不过他自己因受其他错误的观念所蔽,而没有发现罢了。

苏格拉底自认"无知",因为"无知",所以才不耻下问。在问答过程中,不带自己的观点(避免偏见),保持中立。因为"无知",所以不直接给出自己的结论。而是通过提问题,引导对方思考得出其自己的结论。

苏格拉底提问不是怀疑一切,而是始于怀疑,终于真相。通过提出问题的方式探究对方的假设与逻辑,让对方看到自己的谬误。在问答过程中,引导对方从多个角度看同一问题,从而得出不同的结论。

苏格拉底提问法的四个环节:反讥、归纳、诱导和定义。

①"反讥"是助产术的第一步,指通过反问揭露对方谈话中的矛盾或漏洞,达到"自知我无知"。也称为"讽刺",教师以无知的面目出现,通过巧妙的连续诘问,使学生意识到自己原有观点的混乱和矛盾,承认自己的无知。

②"归纳"是助产术中引导方向的重要步骤。它通过对答问者具体而片面的意见的否定,从各种具体事物中找到事物一般共性和本质,一步步地将其导向普遍的、确定的、真实的知识。

③"诱导"是助产术的实质,也可以看作是狭义的助产术。它通过启发、比喻等方式,帮助对方说出蕴藏在头脑中的思想,进而考察其真伪,让对方自己去领悟和体会。教师进一步启发、引导学生,使学生通过自己的思考,得出结论或答案。

④"定义"是助产术所要达到的目的,把个别事物归入一般概念,得到关于事物的普遍概念,获得确切的概念性认识,并牢牢掌握它。

苏格拉底的具体做法是,在教学时不直接向学生讲解各种道理或传授各种知识,而是与学生谈话或向他们提出问题,让他们做出回答。如果学生回答错了,也不批驳,而是将学生的话题进一步引向错误的方向,使学生自己明白答案的荒谬,然后再进行多方启发,引导学生一步步接近正确的结论。

实施苏格拉底问答法通常要注意以下四点:

①不批驳对方,先认同对方观点,站在对方立场上将其引向错误的结果,令其自己认识到错误。

②不直接灌输答案,而是通过不断提问启发学生、引导学生,使学生通过自己的思考

得出结论。

③准确的设问。苏格拉底对自己谈话的对象，谈话的内容都有明确的出发点和目的性，有自己所要达到的教育目标和要求。

④具有层次的教育内容。苏格拉底在表明自己的观点和思想，并使对方接受它时，非常注重内容的层层递进，提问题都是基于常识即可回答，一步一步由表及里、由浅入深，循序渐进地启发学生，逐步接触到问题核心并得到最后答案。

构建好的苏格拉底式提问需要遵循以下几个原则：

①澄清问题。

澄清概念是基础，概念不清，讨论则没有意义。为了探讨一个问题，明晰概念是基础，必须将概念明确，界定清楚，才可以继续深入研究。

②辨识背后的假设。

隐含假设有时会误导听众做出错误的判断，所以辨识假设有助于全面理解信息。

③理性分析，探究背后的原理。

细致理性的分析是逐层深入到问题实质的必要过程，探究背后的原理可以深层次地理解命题和观点。

④开阔思路，引导对方从不同视角重新看待问题。

受众个人的思维是有局限性的，在提问过程中，主动引导对方从多个角度看待问题能够影响受众的观点。

⑤探究可能的结果。

事物的发展是有多种可能性的，不同的结果有可能引出新的发展和认识，所以探究可能的结果是必要的。

⑥回归原问题。

经过上面 5 个步骤，被提问者已经看到自己可能存在概念上的模糊、暗含假设的非理性，以及推理过程中的谬误，同时跟随问题打开了思路，看到了事物的本质、真相。这时再对原问题发问，对方自己就会否定原有认知，或加深对原有认知的理解。

## 第三节　苏格拉底式问题分类

### 一、对问题的提问

①这个问题的意思是什么？

②你认为我为什么会问这个问题？

③这个问题为什么很重要？

④这个问题是容易还是难？

⑤你为什么这样认为？

⑥根据这个问题，我们可以进行什么样的假设？

⑦这个问题会不会引起其他的问题？

## 二、有关问题起源(缘由)的提问

①是什么让你有这样的想法的?
②是什么让你有这样的感觉?
③是你自己的想法还是听别人说的?
④你总是有这样的感觉吗?
⑤你的观点是否受到了某人或某事的影响?

## 三、澄清事实的提问

①你是指什么意思?
②你为什么这么说(想)呢?
③你这么说一定有你的道理,请具体说说。
④你可以换一种方法吗?
⑤你认为主要问题是什么?
⑥可以给我们举一个例子吗?/你能举个例子说明一下吗?
⑦你可以进一步地详细说明吗?/你能再详细解释一下吗?
⑧这个同我们的讨论有什么关联?

## 四、对假设的提问

①为什么有人会做这样的设想?
②在这里________假设的是什么?
③我们用什么假设来替代?
④你似乎正在假设________。
⑤我是否正确理解你的意思了?

## 五、启发假设的提问

①我们可以如何假设?
②你如何证明或推翻这个假设?

## 六、启发推理引出证据的提问

①可以举个什么样的例子呢?
②这个类似于什么?
③你觉得可以用什么来举例?
④你认为是什么引起了这一事件? 为什么?
⑤是真的? 我们还需要什么信息?
⑥能解释一下原因吗?
⑦你是如何得出这一结论的?
⑧是否有理由怀疑这一结果?

⑨是什么让你相信的?

## 七、引出观点和看法的提问

①其他的小组会对这个问题有什么样的反应? 为什么?
②你如何解决因________造成的困难?
③相信________的人可能会有什么看法?
④什么是可供选择的办法?
⑤________和________的观点在哪些地方一致? 哪些地方不一致?
⑥还可以有其他的可能吗?
⑦可以用其他的方式或方法来看待这件事吗?
⑧你能解释为什么这是有必要或是有益的?
⑨为什么这是最好的呢?
⑩________的强项或弱点是什么?
⑪________和________的共同点或相似点是什么?
⑫别的不同的观点可能会是什么?

## 八、引出深层意义和结果的提问

①你能如何做个总结概括呢?
②这个假设会带出什么样的结果呢?
③你这么说隐含的意思是什么呢?
④这个会如何影响________?
⑤这和我们原来学过的________有什么联系吗?
⑥那会有什么结果?
⑦那真的有可能发生吗?
⑧可供选择的办法是什么?
⑨你说那话是什么意思?
⑩如果那样的话,还有可能发生其他的什么事? 为什么?

美国"批判思维研究中心"是一家非盈利教育机构,其目的是通过致力于解决人们关注的问题推进教育改革。这家机构在其网站专门介绍了苏格拉底问答法,并列举了实施苏格拉底问答法可采用的问题。

**Socratic Questions**

**Conceptual clarification questions**

Get them to think more about what exactly they are asking or thinking about. Prove the concepts behind their argument. Use basic "tell me more" questions that get them to go deeper.

①Why are you saying that?
②What exactly does this mean?
③How does this relate to what we have been talking about?

④What is the nature of...?

⑤What do we already know about this?

⑥Can you give me an example?

⑦Are you saying...or...?

⑧Can you rephrase that, please?

**Probing assumptions**

Probing their assumptions makes them think about the presuppositions and unquestioned beliefs on which they are founding their argument. This is shaking the bedrock and should get them really going!

①What else could we assume?

②You seem to be assuming...?

③How did you choose those assumptions?

④Please explain why/how...?

⑤How can you verify or disprove that assumption?

⑥What would happen if...?

⑦Do you agree or disagree with...?

**Probing rationale, reasons and evidence**

When they give a rationale for their arguments, dig into that reasoning rather than assuming it is a given. People often use weakly-understood supports for their arguments.

①Why is that happening?

②How do you know this?

③Show me...?

④Can you give me an example of that?

⑤What do you think causes...?

⑥What is the nature of this?

⑦Are these reasons good enough?

⑧Would it stand up in court?

⑨How might it be refuted?

⑩How can I be sure of what you are saying?

⑪Why is... happening?

⑫Why? (keep asking it—you'll never get past a few times)

⑬What evidence is there to support what you are saying?

⑭On what authority are you basing your argument?

**Questioning viewpoints and perspectives**

Most arguments are given from a particular position. So attack the position. Show that there are other, equally valid, viewpoints.

①Another way of looking at this is..., does this seem reasonable?

②What alternative ways of looking at this are there?

③Why it is... necessary?

④Who benefits from this?

⑤What is the difference between... and...?

⑥Why is it better than...?

⑦What are the strengths and weaknesses of...?

⑧How are... and... similar?

⑨What would... say about it?

⑩What if you compared... and...?

⑪How could you look another way at this?

**Probe implications and consequences**

The argument that they give may have logical implications that can be forecast. Do these make sense? Are they desirable?

①Then what would happen?

②What are the consequences of that assumption?

③How could... be used to...?

④What are the implications of...?

⑤How does... affect...?

⑥How does... fit with what we learned before?

⑦Why is... important?

⑧What is the best...? Why?

**Questions about the question**

And you can also get reflexive about the whole thing, turning the question in on itself. Use their attack against themselves. Bounce the ball back into their court, etc.

①What was the point of asking that question?

②Why do you think I asked this question?

③Am I making sense? Why not?

④What else might I ask?

⑤What does that mean?

## 第四节　苏格拉底式提问的适用范围

在思维教学过程中,引导学生学会区别三种问题,并在充分的讨论中,寻求问题的答案,借助苏格拉底式的提问,明晰对一个问题或事件的理解。

单系统问题,是关于知识性的事实或定义,答案是确定的,这些问题属于记忆性的,需要按照教科书或者已有的定论去思考。在数学或科学课中这类问题非常普通,例如123+321等于多少?水的沸点是几度?这个房间的面积是多少?

无系统问题,询问人的主观好恶,完全因人而异,没有任何标准答案可言,比如:你喜欢看电影吗?你喜欢住在城里还是乡下?你想把房间装修成什么色调?

冲突系统问题:这类问题也没有标准答案,却可以从不同角度、不同立场,用不同的证据和不同的论证方法给出回答,比如:学生可以在学校使用手机吗?青少年早恋有何利弊?

苏格拉底式提问是一种全新的学习方式,需要教师和学生双方加以练习,掌握苏格拉底式提问的技巧:

①设计关键性问题,让对话具有意义,并可主导主题方向。

②运用等待时间:为学生预留至少30秒的时间思考。

③持续关注学生的反应。

④问题应具有探究性。

⑤可将讨论过的要点写下,以定期总结。

⑥尽量多让不同学生参与讨论。

⑦让学生透过教师所提的问题,领会所学的知识。

苏格拉底式提问围绕着思维要素展开,当我们思考的时候,我们的大脑中围绕着目的、问题、信息、推断、概念、固有想法、结果、观点来展开。

①目的:作者这样写的目的是什么?你这样说是想说服别人什么?

②问题:你能解释一下你提出的问题吗?这个问题我们可以怎样表述?

③信息:如何判断这个信息是准确的?我们有没有遗漏重要的数据?

④推断:你能解释一下推理过程吗?你是怎么得出这个结论的?

⑤概念:你能解释一下这个概念吗?这个概念的定义准确吗?

⑥固有想法:我们对此事是否有想当然?这个观点建立在什么固有想法之上?

⑦结果:如果我们这样做的话,会发生什么?你考虑过这样做的后果吗?

⑧观点:你对此的观点是什么?还有其他需要考虑的观点吗?

根据以上思维要素,衡量思维素质,确定什么是"良好的思维"和"糟糕的思维",具体标准包括:清晰度、准确性、精确度、相关性、深度、广度、逻辑性、重要性、公正性。

①清晰度:你能举例说明一下你的观点吗?你是说……我有误解你的意思吗?

②准确性:这些数据的准确性可靠吗?我们如何验证这些所谓的事实?

③精确度:你能解释得更具体一点吗?你能提供更多的细节吗?

④相关性:你的证据和这个问题有关联吗?

⑤深度:这个问题的复杂性在哪里?

⑥广度:我们是否忽略了其他观点?我们是否充分考虑了各种视角?

⑦逻辑性:这些证据能证明这个观点吗?这两点放在一起合理吗?

⑧重要性:这是我们要考虑的中心问题吗?哪些事实是最重要的?

⑨公正性:我们在这个问题上有偏颇吗?这样说对哪一方是否公平?

同时还要兼顾思维的方向,从什么角度切入。思维的方向有五个:

①中间:自己的观点。

②左边:观点是怎样形成的。

③右边:观点会产生什么结果。

④下方:可以支持以上观点的依据。

⑤上方:对立方的观点是怎样的。

在教学中,教师可以从这四个方向帮助学生了解自己的思维:

①反思自己在特定问题上的思维方式是如何形成的(帮助他们找到思维的源头)。

②反思自己是如何支持自己的观点的(帮助他们表述原因、证据,了解自己的固有想法)。

③反思自己的思考将会产生什么结果(帮助他们辨别应该考虑观点导向的结果)。

④反思持不同观点者是如何提出反对意见的(帮助他们更公正更有广度地思考)。

## 第五节　教学设计

**1. 教学目的**

了解苏格拉底问答法(助产术法)的方法和过程。

**2. 教学内容**

苏格拉底问答法四个案例。

**3. 教学重点**

苏格拉底问答法的过程与态度。

**4. 教学方法**

小组讨论法。

每组2~4人,分成双方,甲方(苏格拉底方)提出一个问题,乙方(学生方)回答。双方在问答过程中系统化地澄清对一个问题的答案。

例如:

甲:我们全球的气候发生了什么样的变化?

乙:______

甲:你怎么知道气候在变暖?有什么依据吗?

乙:______

甲:你是从新闻广播中获悉有关全球气候变暖的消息的,那些播音员们是怎么知道全球正在变暖的?

乙:______

甲:如果情况是这样的,是科学家说的。那么科学家是怎么知道的?

乙:______

甲:你认为科学家们从事这项研究多久了?

乙:______

甲:实际上已经研究了140年了。大约是从1860年开始的。

乙:______

甲:好,我们来看一下这张表上近100年来的气候。能看出什么变化来吗?

乙:______

甲:你说污染是导致气候上升的原因,指的是什么?

乙:______

甲:好,现在我们对讨论过的话题做一个总结。

乙:________________________________________________

**5. 苏格拉底问答练习**

(1)什么是快乐?

(2)什么是胜利?

(3)全球变暖了吗?

(4)老人摔倒了该不该扶?

(5)转基因食品有益还是有害呢?

**6. 作业**

(1)网络课堂利大还是弊大?/学生可以在学校使用手机吗?

(2)人体进行基因编辑是天使还是魔鬼?

# 本章附录

## 关于全球变暖的问答

教师:我们的全球气候发生了什么样的变化?

斯坦:在逐渐变暖。

教师:你怎么知道气候在变暖?有什么依据吗?

斯坦:新闻一直在报道。说天气不像过去那样冷了。我们听到的全是这样的说法。

教师:还有别人听到过这样的消息吗?

丹尼斯:是的。我在报纸上看到过。我想,那叫作全球气候变暖。

教师:你是不是在说:你是从新闻广播中获悉有关全球气候变暖的消息的?你是否在猜测那些播音员们是怎么知道全球正在变暖的?

海蒂:我也听说了。太可怕了。北极的冰川正在融化。动物正在失去他们的家园。我认为播音员们是从研究这一问题的科学家那里听说的。

教师:如果情况是这样的,是科学家说的。那么科学家是怎么知道的?

克里斯:他们用观测气候的仪器。他们进行研究,观测地球的温度。

教师:你认为科学家们从事这项研究多久了?

格兰特:大概有100年了吧。

坎迪斯:有可能还要长一点。

教师:实际上已经研究了160年了。大约是从1860年开始的。

海蒂:我们猜得差不多。

教师:是的。你是怎么知道的?

格兰特:我不过是计算了一下测量仪器发明的时间以及科学家开始使用他们观测天气的时间。

教师:好,我们来看一下这张表上近100年来的气候。能看出什么变化来吗?

Raja:二十世纪比前几个世纪都要热。

教师:能推测一下原因吗?

Raja:一个词:污染。

教师:你说污染是导致气候上升的原因,指的是什么?

海蒂:汽车尾气中的二氧化碳和工厂排放的化学物质导致污染。

弗兰克:喷雾摩丝产生的有害物质进入大气层。

教师:好,现在我们对讨论过的话题做一个总结。

# 第七章　模块4:了解图尔敏论证模型

## 第一节　图尔敏简介

斯蒂芬·图尔敏(Stephen Toulmin,1922—2009)英国哲学家、作家、教育家,生于伦敦,毕业于剑桥大学。曾在牛津大学、墨尔本大学、利兹大学、布兰迪斯大学、密歇根州立大学、芝加哥大学和南加利福尼亚大学哲学系任教。最重要的著作为1958年出版的《论证的使用》(The Uses of Argument)和1972年出版的《人类认知:概念的集体使用与演变》(Human Understanding:The Collective Use and Evolution of Concepts)。

斯蒂芬·图尔敏是维特根斯坦的学生,是非形式逻辑最重要的理论先驱,现代论证理论的创始人。他反对过于抽象、强调绝对真理的形式逻辑,更多关注逻辑在人类真实情境中如何运用。英国哲学家图尔敏在其影响最广的专著《论证的使用》中提出应当摆脱形式逻辑对论证的各种约束,并创建了一种能够很好地处理实质论证的模式。

图尔敏于1958年出版了《论证的使用》(*Uses of Argument*)一书,对亚里士多德以来的以"三段论"为代表的传统逻辑体系进行了反思,提出了不同于形式逻辑(Formal Logic)的非形式(Informal)逻辑,图尔敏将之称为"工作(Working)逻辑""实践(Practical)逻辑"或"实质(Substantial)逻辑"。图尔敏指出,在科学、法律、经济和医学等许多专业领域,基于传统形式逻辑的论证意义很有限,实际上真正大量使用的是"实质论证(Substantive Argumentation)"。他指出,在传统的论证研究领域人们常常将注意力聚焦于"怎样论证才合乎逻辑",却常常忽视"人们实际上如何论证"。

图尔敏提出一个推理模型——图尔敏论证模型(The Toulmin Model of Argumentation),如图7.1所示。这个模型包含六个相互关联的构成成分:数据/资料/理由(Data/Grounds)、佐证/支撑(Backing)、理据/担保(Warrant)、限定(Qualifier)、例外/反驳(Rebuttal)/辩驳/反证、主张/观点/结论(Claim)。

在图尔敏提出的论证模型中,论证不再是简单地收集证据或事实,而是一个持续的、层层深化的过程,如图7.1所示。图尔敏的论证模型中包含资料(Datum,D)、支撑(Backing,B)、理据(Warrant,W)、限定(Qualifer,Q)、反驳(Rebuttal,R)和主张(Claim,C)等6个基本要素。论证的基本过程是:资料(D)和支撑(B)共同构成了理据(W),在接受了反驳(R)之后,经过限定(Q),使主张(C)得以成立。

图尔敏指出,仅仅事实(D)不足以成为支持一个命题(C)的理据(W),还需要一些必要前提的支撑(B)。一个有效论证只能基于一定的前提约定之上。根据同样的事实,基于不同的前提约定,可能得出非常不同的结论。

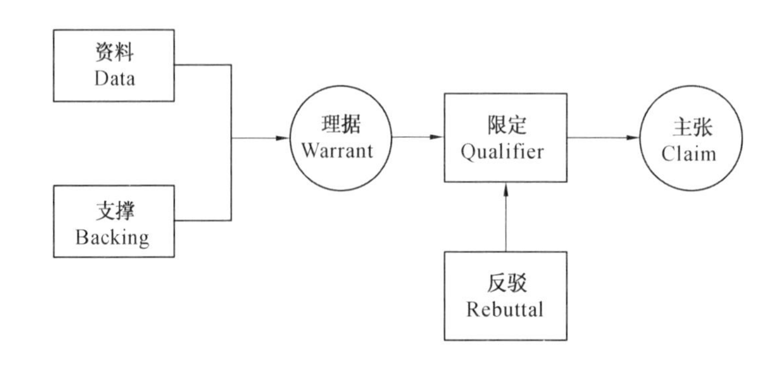


图 7.1　图尔敏论证模型

图尔敏论证模式在中国的传播带来了一场思维的革命，打破了以往“真理——谬误”即“以标准检验真理”的简单论证逻辑思维方法。基于图尔敏模式的论证，可以使科学研究真正有助于认识的发展和社会的进步。基于图尔敏模型的论证，可以使学习成为一个探索和发现的过程，而不仅仅是一个记忆和拷贝的过程。

## 第二节　图尔敏模型原理与形式

图尔敏发现，法律话语有许多不同功能：陈述主张，确认证据，出具证言，条文的解释或其有效性的讨论，排除一个法律的适用，轻判的请求，陪审团的裁决，宣判，等等。所有这些不同类的命题在法律过程中都有自己不同的作用。这样一来，传统三段论仅仅区分前提和结论的模型就显得过于简单了。同时，他从法律程序得到启发，注意到论证的模式可以描述为一种程序性模式。就像法律程序一样，任何论证的第一步都是提出一个特定的主张(Claim)。然后如同提出法律证据一样，提出该主张所基于的资料(Data)。接下来，提出确保从理据得出主张的规则、原则或推论许可即理据(Warrant)。如裁决的得出不仅要基于法律事实，更要依据法律规则或原则一样，当保证的权威性遭到怀疑时，就提出支撑(Backing)用以核定保证。然而，有些案件构成了一个法律规则适用的例外，类似地，有一些可能的例外或特殊情况，或许推翻这个论证，它们是该论证的反驳或反证(Rebuttals)。最后，整个论证给主张提供的证明能有多强？受理上诉的法院通常会清晰地界定他们的裁决中蕴含的法律规则的适用范围，如果给定的规则仅仅在特定条件下或带有特定保留地适用，法院通常会对此加以说明。因此，需要给主张添加一个限定词(Qualifiers)。在完全明晰的论证中，可以发现这 6 个要素：主张、根据、保证、支援、可能的反证和模态限定词。

图尔敏论证模型有六个要素，人们对这些要素的翻译略有不同，而且这些要素的不同组合形式构成了不同的类型。第一种类型强调“数据”与“支撑”共同承担“理据”的作用，如图 7.2 所示。

第二类形式中，“支撑”为“保证”服务，二者结合共同为“根据”或“数据”提供证据，以促成“结论”或“主张”。

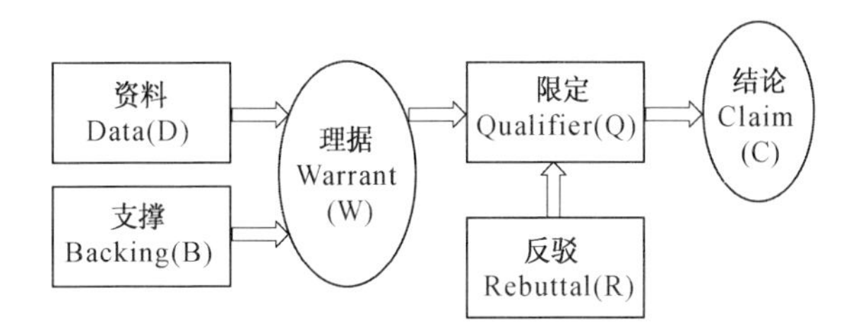


图7.2　图尔敏论证模型a

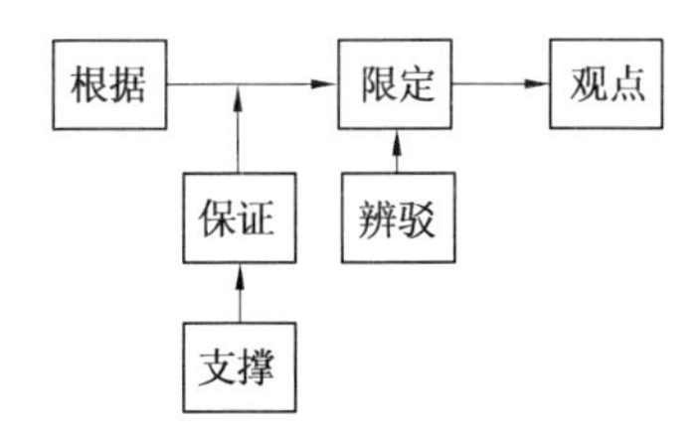


图7.2　图尔敏论证模型b

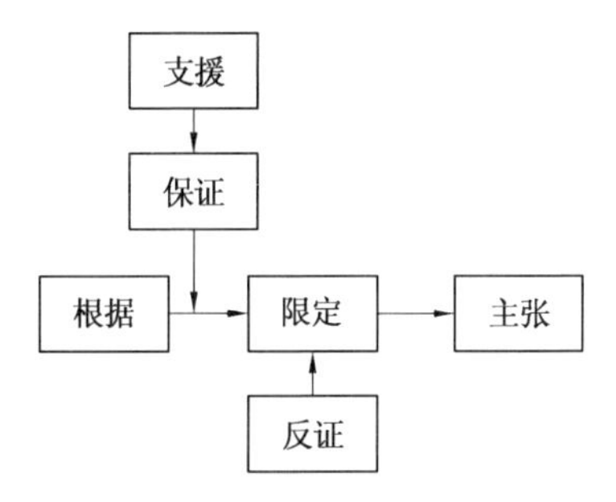


图7.2　图尔敏论证模型c

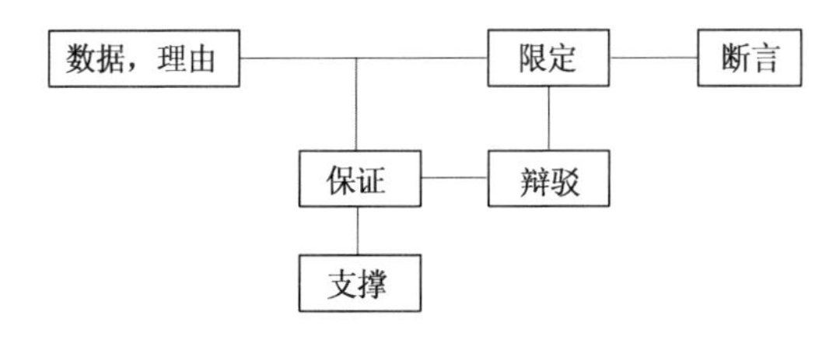


图7.2　图尔敏论证模型d

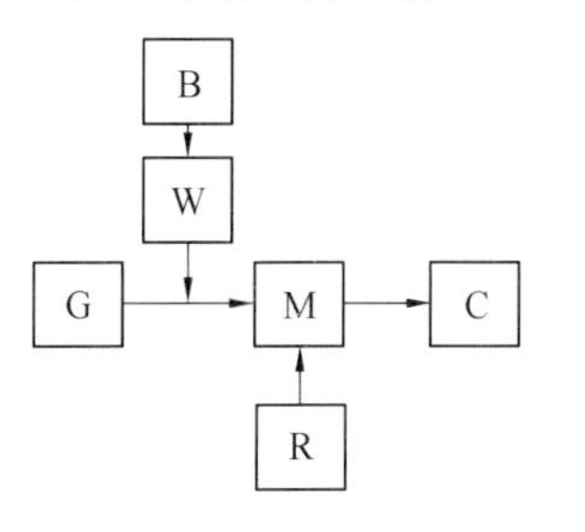


图7.2　图尔敏论证模型e

图尔敏模型中的每一个要素都很重要,处于核心位置的是“资料”“担保”和“结论”。如图 7.3 所示。

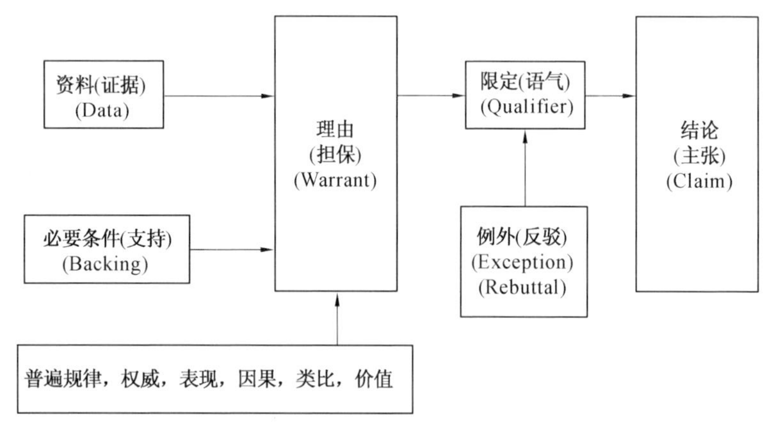


图 7.3　图尔敏论证模型的核心要素

例如,在论证“明天的篮球比赛我们一定能赢,因为我们教练是这样说的”中,核心要素是“理由”:我们教练说能赢;“担保”:教练的话值得相信;“结论”:我们能赢得明天的篮球赛。其他补充要素分别是“支撑”:教练已经准确地预言了过去 10 场比赛的结果;“辩驳”:除非我们的前锋受伤;“限定”:一定能(如图 7.4 和图 7.5 所示)。

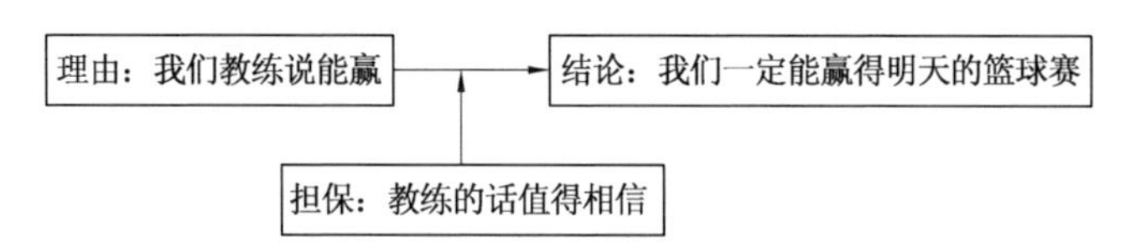


图 7.4　篮球赛论证核心要素

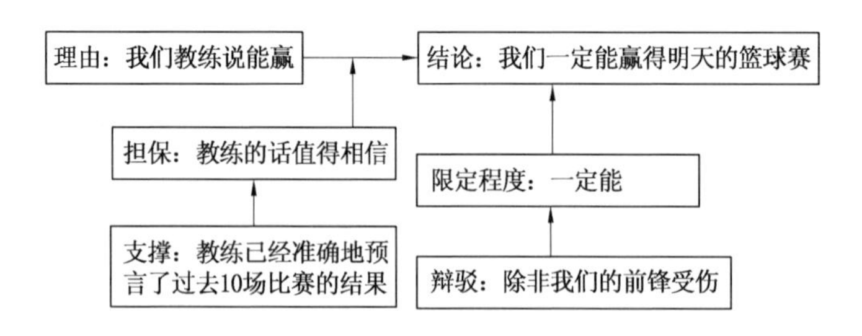


图 7.5　篮球赛论证核心要素及补充要素

复合论证是一个没有绝对起点的、不完整的论证过程。一个论证过程中的事实(D)、支撑(B)和反驳(R),都可能是另一个论证过程(或研究项目)的结论。因此,一个简单的图尔敏模型可以扩展成为一个复杂式,如图 7.6 所示。

基于图尔敏模型,我们就可以理解,同样的一个陈述,在一个论证(或语境)中可能是“事实”,在另一个论证(或语境)中却可能是“看法”,即“结论(C)”。当我们论证“李明可以入选班级篮球队”这一命题时,“李明在班里算高的”这一陈述可以成为“事实”,被作为理据(W)的一部分来支持“看法”或“结论(C)”。当有人对这一事实提出质疑时,对“李明在班里算高的”这一陈述就需要展开另一轮的论证,这时,这一陈述就成为需要论证的“看法”。这时,需要通过给出包括班级人数,班级平均身高,“高”的评价标准等一系列的“事实(D)”和“支撑(B)”,对“李明在班里算高的”这一陈述展开论证。

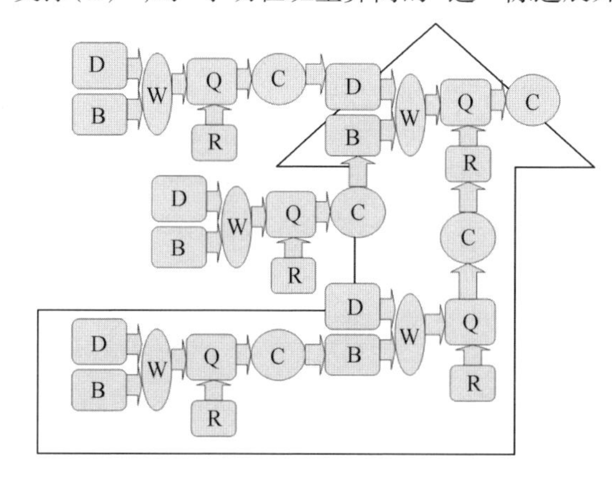


图7.6　图尔敏模型复杂式(图片来源 百度图片)

# 第三节　图尔敏论证模型要素说明

图尔敏论证模型中各要素分工明确,如图7.7所示,它们的作用如下:

①论据:“因为”后面的部分,用来推出论点的前提,它必须是一个事实或强观点。

②担保:因为……所以……过程中被省略的关键假设,它必须能被证实为真。

③支撑:用来支撑“担保”的证据,必须为事实或强观点。

④反驳:1)对论据的反驳/ 例外,2)对担保的反驳/ 例外,它用来削弱整个推论的有效性。

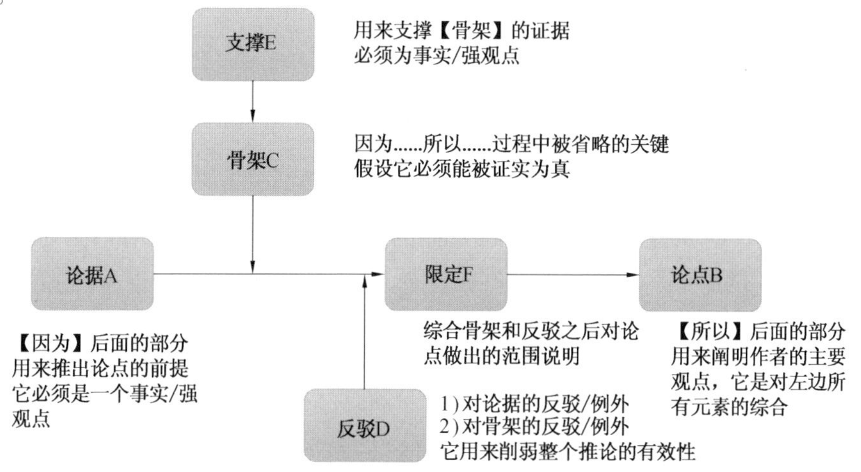


图7.7　论证要素的说明

⑤限定：综合担保和反驳之后对论点的范围说明。

⑥论点："所以"后面的部分，用来阐明作者的主要观点，它是对其他所有元素的综合。

**Components of Toulmin Model**

①Claim: The conclusion of the argument.

②Grounds: Facts and data used to prove the claim's validity.

③Warrant: The reasoning that authorizes the inferential leap from the grounds to the claim.

④Backing: Support for the warrant.

⑤Modality (Qualifiers): temper the claim. Degree of certainty with which the advocate makes the claim.

⑥Rebuttal (Reservation): Exceptions or limitations to the claim.

(1) Claim.

A claim is a statement that you are asking the other person to accept. This includes information you are asking them to accept as true or actions you want them to accept and enact.

(2) Grounds.

The "grounds" (or "data") is the basis of real persuasion and is made up of data and hard facts, plus the reasoning behind the claim. It is the "truth" on which the claim is based. Grounds may also include proof of expertise and the basic premises on which the rest of the argument is built.

(3) Warrant.

A warrant links data and other grounds to a claim, legitimizing the claim by showing the grounds to be relevant. The warrant may be explicit or unspoken and implicit. It answers the question "Why does that data mean your claim is true?"

(4) Backing.

The backing (or support) for an argument gives additional support to the warrant by answering different questions.

(5) Qualifier.

The qualifier (or modal qualifier) indicates the strength of the leap from the data to the warrant and may limit how universally the claim applies. They include words such as "most", "usually", "always" or "sometimes". Arguments may hence range from strong assertions to generally quite floppy with vague and often rather uncertain kinds of statement.

(6) Rebuttal.

Despite the careful construction of the argument, there may still be counter-arguments that can be used. These may be rebutted either through a continued dialogue, or by pre-empting the counter-argument by giving the rebuttal during the initial presentation of the argument.

# 第四节　图尔敏论证模型举例

## 一、图尔明论证模型特点和优点

**1. 把起不同作用的理由以不同的位置表示出来**

各要素的位置以及箭头方向表明论证的方向和过程,例如"保证"是起着"证据"和"结论"之间的连接作用。

**2. 明确了"保证"自己也需要证明**

当"保证"没有明确说出来时,图尔明模型促使说话人去寻找这个部分和对它的支撑,也就是寻找隐含假设,从而进一步深入和扩大搜索。

**3. 突出了"辩驳"和"限定"的成分和作用**

这是先前的讨论模式中没有提及的,好的论证是辨证的:包括对反例的考虑,和对结论的程度的斟酌。

**4. 图尔明模型更能表述实际的好的论证模式**

对分析、评价和构造全面论证有指南意义。

## 二、图尔敏论证模型举例

**1. 案例1**

在一个酒会上,一位先生摇摇晃晃站起来,准备再次举杯敬酒。他端着酒杯,忽然闻了一下,说:"这不可能是茅台酒。如果是的话,它会很香。"

旁边一个人笑了:"什么?你一晚上喝的都是茅台,喝多了,鼻子有问题了吧?"

另外一个人喊:"他杯子里有酒吗?看一看,他是不是拿着空杯说胡话!"

所以,如果那人的推理要合理,必须如图7.8所示。

(a. 这杯中有酒)
(b. 茅台酒很香)
1. 如果是茅台酒,它就会很香
(c. 我的感官感觉正常)
(d. 因为我没有喝多也没有生病)
2. (这杯里的酒不很香)
…………………………………………
3. 所以,这不可能是茅台酒

图7.8　案例1中的隐含假设

用图尔敏论证模型表示各要素如图7.9所示:

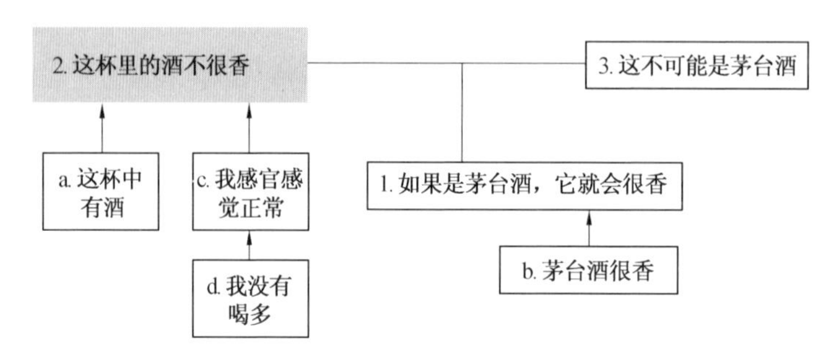


图 7.9　案例 1 图尔敏论证模型

**案例 2**

“怀孕的时候不要喝酒！据加利福尼亚大学的古珀教授说，怀孕的妇女哪怕喝一点酒都有可能对胎儿的生长产生危险”。

案例中的前提与结论如图 7.10 所示。

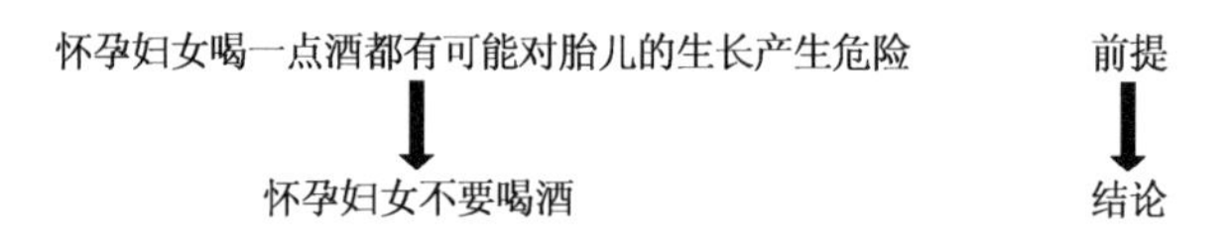


图 7.10　案例 2 前提与结论

分析过程如下：

①“孕妇喝一点酒都可能有害于胎儿”是**理由**，“孕妇不要喝酒”是结论。

②**保证**：根据什么要求在喝酒可能对胎儿有害的证据下要求孕妇禁酒呢？显然我们需要这个基础性的假设：“胎儿的健康应比孕妇自己的享受更重要”。

③**支撑**：如何证明这个保证的普遍性？

④**辩驳**：图尔明模型还需要我们思考是否有反例：比如是否有事实说明少量饮酒并非有影响，或者并非总是有影响，或者影响并非不可治愈的？

⑤**限定**的必要：“孕妇不要喝酒”的结论是否绝对化简单化。是否需要对推理和结论做出限定？

用图尔敏论证模型显示分析过程如图 7.11 所示。

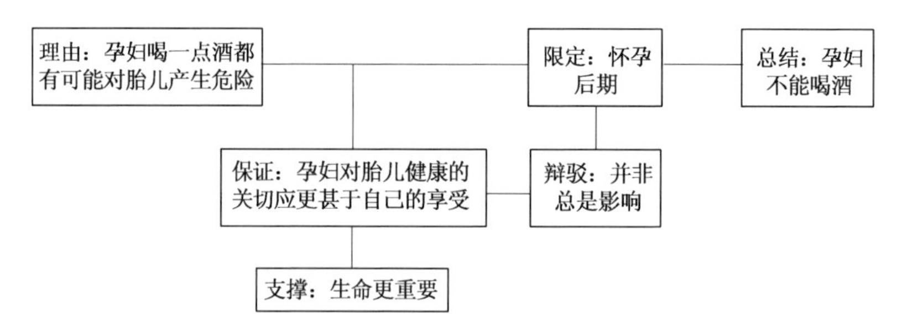


图 7.11　案例 2 图尔敏论证模型

**3. 案例 3　图尔敏模型在科学论证中的举例**

①向上抛出一个小球，小球上升到一定高度会掉下来。

②太阳能、地热能和氢能在实践中都已证明可行，所以存在许多核能的替代品。

这两个案例用图尔敏论证模型说明见图 7.12 和图 7.13 所示。

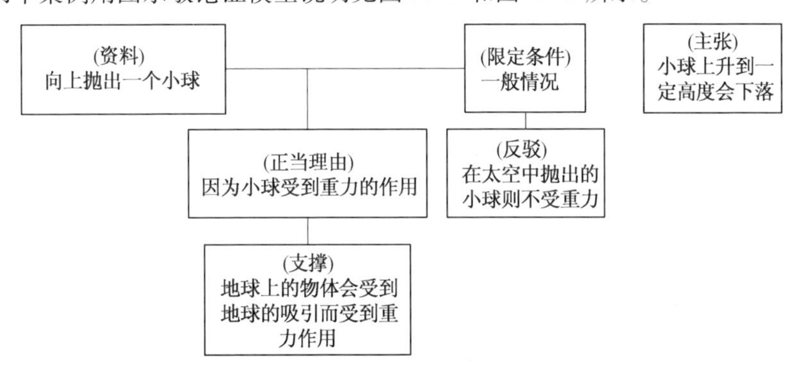


图 7.12　案例 3 小球上升图尔敏论证模型

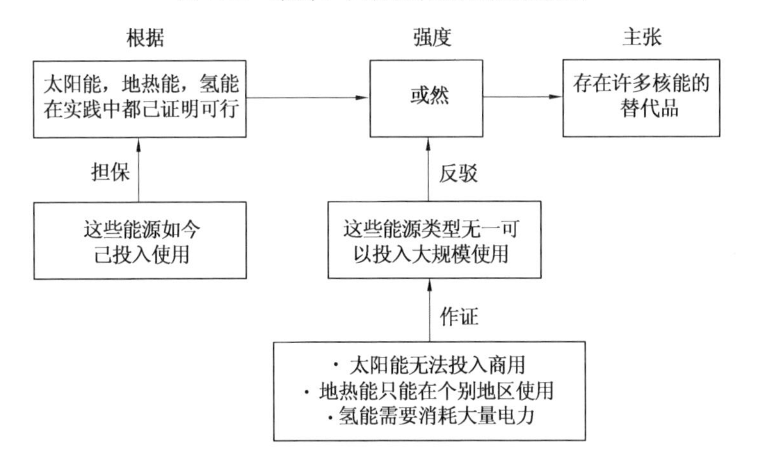


图 7.13　案例 3 核能替代品图尔敏论证模型

# 第五节　教学设计

**1. 教学目的**

掌握图尔敏模型在论证中的应用。

**2. 教学内容**

图尔敏模型六要素的含义。

**3. 教学重点**

(1)图尔敏模型六要素的作用。

(2)如何合理使用论证模型。

**4. 课堂练习**

用图尔明模型表达下面的推理。

(1)我们应该提高罚款,现在的罚款数根本不能遏制人们开车超速。

(2)“为什么不让抽烟,我在这里消费,抽烟难道不是我的权利吗?”

(3)医生应该挣钱多,因为他们忍受了长期的艰苦训练,而且他们都负很大的责任。

**5. 探究式学习**

(1)分组。

(2)教学素材。

(3)任务。

①各小组用图尔敏模型分析素材。

②对比两类模型。

③分析形成差异的原因。

# 第八章　模块5:挖掘隐含假设

## 第一节　隐含假设的含义

我们有时用“背景”一词来统称论证的隐含基础,包括条件、假定、信息、观念和知识,它们不在论证的表述中,但支撑着论证的稳定性。发现、理解、批判这些隐含的因素,就是挖掘隐含假设的过程。

比如:

老张因为肺癌去世。他吸了几十年的烟。

它其实是:

(吸烟多的人有较大可能患肺癌)

老张吸了几十年的烟,

---

所以,老张患肺癌去世。

寻找隐含的前提是批判思维的一种方式,有助于我们透过事物现象,去深入理解认知行为背后的价值取向。一切思想和论证,都建立在隐含假设之上。生活中的现象、文学作品或论述类文章中也常常有某种隐含的假设或价值取向。如果不去思考和探寻这些隐含的内容,人们的思维会停留在现象的表层,无法深入到现象的深层和认识本质。挖掘论证中的隐含前提、假设,就是考察论证的可靠性。

辨别和评估隐含假设是批判性思维的基本功。首先,观念、理论和论证的问题,很可能深藏在隐含假设中,所以辨别隐含假设是学术研究的必要过程;其次,要使自己论证完善,也要挖掘和补充隐含假设,否则论证空洞,易受攻击;第三,挖掘和补充合适的隐含假设也是评价论证的过程,如果找不到合适的隐含假设来使论证完善,论证不可挽救;第四,隐含假设也是发散、创新的隐含区,挖掘隐含假设常用分析、想象、反例推理探索,发现机遇。

按照内容看,隐含前提或者假设,在不同学科中类型不同,比如大前提(或者保证),在科学中,是科学假说、科学原理、定律、公式、计算方式、因果关系;在法律中,是原则、规则、条款、许可,等等。

按照方法论,根据隐含假设在科学推理和判定中的作用,它们又可被称为“辅助假设”“背景理论”“观察解释理论”等,本质上它们都是论证中需要的各种理由、条件、根据等成分,以便推论出合适的结论。

隐含假设有下列特征:

①隐藏没有明说出来。这是最直接的特征,隐含假设必然是隐藏的。

②作者认为是理所应当。有一部分论述的假设,是作者由于认为理所应当而无意中隐藏的。

③对判断其结论有较大影响。只有理解了假设,才能明白理由推导结论的原因。

④可能有一定的欺骗性。可能有的假设是作者故意隐藏,只是把有利的理由包装后提出,有意识地误导读者或听众。

## 第二节 隐含假设的类型

### 一、隐含假设类型

罗伯特·恩尼斯(Robert Ennis)提出“隐含假设”(Implicit Assumption)是指在一个论证或行为中被认作理所当然、却未得到明确表述的命题,它是一个论证的必要组成部分。恩尼斯区分了三组不同的隐含假设:

**1. 所用假设(Used Assumption)和所需假设(Needed Assumption)**

所用假设是指论证者实际相信的、并未明确表述出来的一个前提。这是针对人(论证者)而非论证本身。所需假设则并非针对论证者,而是针对论证本身的。它是指为了使该论证有效,或者使其成为一个好的论证,所需要补充什么样的隐含假设。

**2.“填空者”(Gap Filler)隐含假设和“支撑者”(Back Up)隐含假设**

在“所需假设”里面,恩尼斯又进一步区分了作为“填空者”的隐含假设和作为“支撑者”的隐含假设。作为填空者的隐含假设是指,在现有的前提(可以是一个也可以是多个)和结论之间,要加入另外一个前提使得论证有效。作为支撑者的隐含假设是指,为了使一个论证有效或者成为好的论证,对于其现有的前提中的某个或者某些,需要为其提供某个其他命题作为进一步的支撑。

**3.“隐含假设”(Implicit Assumption)和“预设”(Presupposition)**

预设(Presuppositions)是指这样的一个(或一组)命题,它如果为假,则将使得某一陈述(依赖前者作为预设的陈述)既不为真也不为假。预设与隐含假设的区别在于,隐含假设是作为一个论证的某个未得到明确表述的前提而存在的,而预设则是某一个陈述是否有真值的先决条件。例如,“当今法国国王是明智的”预设了“存在当今法国国王”。

### 二、隐含前提和支撑假设

人们通常也把“填空者”隐含假设和“支撑者”隐含假设称作做“隐含前提”和“支撑假设”。

**1. 隐含前提(Suppressed Premises)**

隐含前提即省略的前提:本是论证的必要部分,但在表述中被省略了,所以又被称为“填空者”。我们平时说话或者写文章用到三段论,常常会采取省略形式,有的省略大前提,有的省略小前提,有时省略不言而喻的结论。

例如,“老张因为肺癌去世。他吸了几十年的烟。”省略的前提是“吸烟多的人有较大可能患肺癌”。“这不可能是茅台酒。如果是的话,它会很香。”省略的前提是“这杯里的酒不是很香”。

例1　我是教师,应该保护学生。

这个推理省略了大前提,教师在学生遇到危险时应挺身而出保护学生,结论要成立还需要小前提,学生遇到了危险。完整的推论是:

大前提——教师在学生遇到危险时应挺身而出保护学生(隐含)。

小前提——我是教师,学生遇到了危险。

结　论——我应挺身而出保护学生。

**2. 支撑假设(Underlying Assumptions)**

支撑假设不是为了论证形式完整而必须存在的前提,而是前提下面的观念和事实基础,是前提的前提。支撑假设,又被称为"支撑者",是下一个层次的隐含假设——前提的前提、前提后面没有表述出来的观念、知识和事实。例如,前面的案例"我是教师,应该保护学生"的支撑条件包括以下几个方面:教师应当在现场;这个教师有能力保护学生;如果是学生落水了,教师应该会游泳,才有能力去救学生。

再比如,"老张因为肺癌去世。他吸了几十年的烟"这句话的支撑假设是"研究证明吸烟和肺癌有关"。"这不可能是茅台酒。如果是的话,它会很香"这句话的支撑假设是"茅台酒很香""我的感官感觉正常""我没有喝多"。

例1　外星人吃饭用筷子吗?

这个问题首先假设了有外星人存在,假设了外星人需要吃饭,假设了外星人要用工具吃饭,还假设了筷子也属于外星人吃饭工具的备选项,但实际上这些假设都不一定为真。

例2　他考上清华了吗?他戒烟了吗?

这些问题都必须有一个支撑,假设他参加了高考,他以前一直吸烟,如果这个前提不存在,那这些问题该怎么回答?不能简单地进行肯定或否定的回答,而是要指出这些问题包含了不正确的预设。

### 三、预设假定(Presuppositions)

预设假定也叫"指称假定"。例如"老张因为肺癌去世。他吸了几十年的烟"中预设假定是"(患肺癌的)老张"。"这不可能是茅台酒。如果是的话,它会很香"中预设假定是"这杯中有酒"。

预设除了可能出现指称为空的问题之外,也可能是所预设的事件等并没有发生过。常举的一个例子是"你还有没有再打老婆?"如果这句话是问一个从来没有打过妻子的人,那么就既不能回答"是",也不能回答"不是"。

## 第三节　挖掘隐含假设的作用与方法

### 一、挖掘隐含假设的作用

**1. 透过现象看本质**

在一些现象背后常常隐藏了某种价值观,挖掘隐含假设,才能发现隐含的价值观,才能更好地明白这些现象或做法的意义和价值。

案例:2016 年 7 月 23 日有一家人到北京八达岭野生动物园自驾游。老虎突袭,造成一死一重伤。八达岭野生动物园可以自驾入园,但上海的野生动物园是不让私家车入园的,而且必须乘坐全封闭的安全车。为什么会有不同的做法？背后的依据是什么？

解析:八达岭野生动物园的做法隐含的前提是更注重个人的体验感受与自由,认同这种做法,就相应地认同个人应承担更大的责任。上海野生动物园的做法更强调集体(园方)对个人安全的责任,自然就要牺牲个体的自由与体验,认同这种做法就是认同集体对个人自由的约束与限制。

**2. 明确观点适用的范围**

许多观点并不是天然就成立的,它需要在一定的前提下才能成立。如果我们不明确这个前提,以为他放诸四海而皆准,就会犯绝对化的错误。如果明确这些观点成立的前提条件,就可以懂得如何正确运用这些观点,不犯错误或者发现别人观点的错误之处。

案例:生活中总是不缺乏善意的谎言,比如对绝症病人隐瞒其病情,骗失去妈妈的幼童说妈妈还会回来。

分析:这些基于爱与呵护的谎言有它的前提,即这种欺瞒是建立在断定对方脆弱不堪承受的基础之上。善意的谎言的对象是弱小者,离开了这个前提就不能成为善意的谎言,而可能是恶意的欺骗。因此,如果对方比较坚强,能够承受事实的真相,则不应该用善意的谎言。

**3. 指导言行**

只有懂得挖掘平时习以为常的行为背后的价值倾向,我们才有可能明白这些行为是否合理,是否值得去做。当我们接触信息时,当我们迅速做出判断时,我们需要知道这里面究竟隐藏了一种什么样的价值观。

案例:如果一个小朋友为了一块糖和好朋友大打出手,那么她俩的友谊就值这块糖;如果家长因为一个廉价花瓶碎了,她的孩子再也不敢自由玩耍,那么孩子的好奇心也就值这个花瓶。

分析:这些行为背后实际上都隐含着不同的价值倾向,一定程度上反映着我们的层次。

**4. 发现隐含的价值谬误**

一些隐含的价值谬误是藏在文字的表层下面的。如果不深入发现或没有察觉,就容易被它误导或蒙骗。

**5. 驳斥错误观点**

面对错误或不合理的观点,要补充完整错误观点的逻辑推理形式,反驳其前提才能有效地驳斥错误的观点。

案例:1923 年,年仅 20 岁的吴国桢前往普林斯顿大学攻读博士学位。面试时教务长看到孩子气面孔的吴国桢说,“年轻人,你还没有成熟”。才华横溢的吴国桢回答说,“先生,依照年龄来判断一个人是否成熟,本身就是一种不成熟”。校长听罢无言,立即录取了吴国桢。

分析:

①校长所说的话隐含了两个前提:

大前提—— 孩子气面孔的人太年轻,没有成熟。

小前提—— 你很孩子气,太年轻。

结　论—— 年轻人你还没有成熟。

②吴国桢的话表达了什么意思?

大前提—— 按照年龄来判断一个人是否成熟,是一种不成熟。

小前提—— 你依照年龄来判断我不成熟。

结　论—— 你不成熟。

## 二、挖掘隐含假设的方法

### 1. 寻找价值观假设

(1)从对方背景入手。

作者的背景是一个非常重要的线索,比如作者的职务、工作领域、成长环境,等等,一般来说,这些背景对作者的价值观取向都有非常大的影响作用,我们可以从背景挖掘,比如身为烟草公司总裁的人可能就不会重视对吸烟敏感人群的同情。但是我们也要注意到,背景只是一个线索,并不能依据背景把同背景的人直接归为一类,要意识到人的复杂性。

(2)从潜在的结果入手。

一般来说,对于规定性论题,由于不同结论的立场基本对立,所以,支持不同结论的理由带来不同的后果,每个后果对于不同价值观的人来说,可接受程度就完全不同了,所以,我们可以从结论可能的后果入手找到作者的价值观假设。

辩论所持的立场带来的后果到底可不可以接受取决于个人的价值倾向。在这种情况下,结论到底可不可以接受主要取决于潜在的各种结果发生的可能性与对这些结果的重视程度。

举例:根本就不应该建核电厂,因为核电厂那些危险的核废料会污染环境。

上述例子中,提出的理由是建设核电厂带来的较为明显的后果,这个理由潜在的价值观假设就是作者认为环境污染不可接受,远比核电站带来的高效电能更重要。

所以,我们要非常注意对方提出的理由,然后判断哪种价值观取向可以使对方认为这些理由比其他理由更可取。

(3)换位思考。

换位思考是批判性思维一个常用的工具。从另外的角度去考虑这个问题,思考下如果我支持相反的结论,需要坚持哪种价值观倾向才能得到结论呢? 然后就可以找到当前作者论述中冲突的价值观。

### 2. 寻找描述性假设

(1)不断思考结论和理由之间存在的鸿沟。

为了找出连接理由和结论的所有假设,我们可以采用追问法,不断追问“你怎么从这个理由得出这个结论”“如果理由成立,要得出这个结论还需要哪些条件成立”“假设这些理由都成立,那还有没有其他可能使这个结论仍然错误呢”,通过这些问题可以挖掘隐藏在背后的假设。

(2)寻找没有明说出来的支撑其理由的那些想法。

有时给出的理由本身就是证据不足,此时就要注意,是否理由背后有隐含的假设使理由成立,这些假设就是描述性假设。

(3)将自己置于作者的立场。

将自己置于作者的立场,想象自己拥有作者相同的地位、背景和所处环境,如果自己此时给当前的结论辩护,会有哪些预设的假设?

(4)将自己置于反对的立场。

除站在作者的立场外,也可以站在反对者的立场,假设自己不认可这个结论,会有哪些可能的原因呢?这些原因就可能和隐藏的假设有关,比如你想到的这些原因在作者预设的假设中都是不成立的。

# 第四节　三段论省略式

## 一、三段论形式

三段论就是由大前提,小前提和结论构成形式逻辑的三要素。三段论包括:一个包含大项和中项的命题(大前提)、一个包含小项和中项的命题(小前提)以及一个包含小项和大项的命题(结论)三部分。三段论实际上是以一个一般性的原则(大前提)以及一个附属于一般性的原则的特殊化陈述(小前提),由此引申出一个符合一般性原则的特殊化陈述(结论)的过程。

例如:所有哺乳动物都是温血动物。(大前提)

鲸鱼是哺乳动物。(小前提)

鲸鱼是温血动物。(结论)

从思维过程来看,任何"三段论"都必须具有大、小前提和结论,缺少任何一部分就无法构成三段论推理。但在具体的语言表述中,无论是说话还是写文章,常把三段论中的某些部分省去不说。然而,"省去不说"不等于可"废除",因为"大前提,小前提,结论"三者原则上不能够省略任何一个。下面为三段省略式的几种形式和举例:

**1. 省略大前提**

例:你是经济学院的学生,你应当学好经济理论。

例子中省略了大前提"凡是经济学院的学生都应该学好经济理论"。

**2. 省略小前提**

例:企业都应该提高经济效益,国有企业也不例外。

例子中省略了小前提"国有企业也是企业"。恢复其完整式是:"企业都应该提高经济效益,国有企业也是企业,所以,国有企业应该提高经济效益。"

**3. 省略结论**

例:所有的人都免不了犯错误,你也是人嘛。

例子中省略的结论是"你也免不了犯错误"。

## 二、三段论省略形式

补充和评估隐含假设是有前提的。从逻辑标准来看,现实生活中的论证多数是不完整不规则的,被省略的部分可能有大前提、小前提或者结论。有的不完整的论证也许可以接受,因为省略的部分可能大家都知道,不必说;省略了结论可能是因为结论已经显而易见,也不必说。

按逻辑形式来说,如果不将省略的部分补上,这个论证是无效的。补充论证的隐含前提是重构论证的工作,是为了准确完整地理解论证,也是为了评估论证。补充隐含的前提,形成一个完整的演绎推理形式,有助于我们思考什么样的隐含前提,可以使论证有效和完善;隐含的前提被补充完善后论证是否合理,这是补充和评估隐含前提的目的和指导原则。

例 1:

| 因为长江上游的森林被大量砍伐,导致了最近长江的严重的洪水灾害<br>我们将保持和恢复长江上游的森林<br>————————————<br>所以,我们就不会有这样严重的洪水灾害 |
|---|

在这个例子中,如果加上排除其他可能产生较大灾难的因素的假设,论证会更完整。

| 因为长江上游的森林被大量砍伐,导致了最近长江的严重的洪水灾害<br>我们将保持和恢复长江上游的森林<br>(在没有其他严重的降雨,地震,长期积沙等情况下)<br>————————————<br>我们就不会有这样严重的洪水灾害 |
|---|

例 2:某老师在阅卷时说:"这张卷子上的字写得这么潦草,肯定是个男生。"这位老师假设了什么?

A. 字写得潦草的人都是男生。

B. 该老师所教班级里字写得潦草的都是男生。

C. 在卷子上写字潦草的人都是男生。

答案应该是 B 选项。

# 第五节　教学设计

**1. 教学目标**

了解隐含假设的形式。

**2. 教学内容**

隐含假设的含义和类型。

**3. 教学重点**

隐含前提、支撑假设和预设假定。

**4. 教学难点**

识别隐含假设的目的。

**5. 教学素材**

见本章附录。

**6. 教学活动**

(1)讨论:教学素材案例说明什么?

(2)讨论:为什么“脱口秀”节目能让人哄堂大笑?

(3)头脑风暴:生活中隐含假设的例子。

①少抽点烟吧。

②医生说“这不能吃那不能吃” vs 医生说“想吃啥就吃啥吧”。

③早点摊主:“您来个茶蛋吗?”“您来一个茶蛋还是两个?”

(4)分析论述中隐含的假设。

“根本就不应该建核电厂,因为核电厂那些危险的核废料会污染环境。”这个例子中,提出的理由是建设核电厂带来的较为明显的后果,这个理由潜在的价值观假设就是作者认为环境污染不可接受,远比核电站带来的高效电能更重要。

(5)识别隐含假设(遮蔽)获取人生哲理。

**幸福的感觉是什么?**

一个富翁在海边散步看到渔夫在晒太阳,问:“你为什么不打鱼呢?”“打鱼干什么?”渔夫问。“买大船呀”。“买大船干什么?”“打很多鱼,你就是富翁了”。“成了富翁又怎样?”“你就不用天天打鱼了,可以幸福地晒太阳了”。“我不正在晒太阳吗?”富翁哑然。

有人说,幸福是我们内心的需要,只要情愿做的,从中感受快乐,就是幸福。富翁辛辛苦苦,所得和渔夫一样。很多时候别人孜孜以求的,正是我们现在拥有的,只是我们自己浑然不觉而已。所以,比起追求我们追求不到的,我们应该更加珍惜已经拥有的。

你认为这样解释有道理吗?

启示(遮蔽):

对于富翁来说,他的享受生活并不只是来海边晒太阳,而是他享受着选择生活的权利。但是渔人缺乏选择生活的权利,这正是他生命的悲剧所在。

# 本章附录

## 挖掘隐含假设案例

老师在课堂上想考考学生,问:树上有10只鸟,猎人开枪打死了1只,还剩几只?

生:无声手枪,还是其他没有声音的枪?

师:不是无声手枪,也不是其他没有声音的枪。

生:枪声有多大?

师:80～100分贝。

生:在那个地方,打鸟犯不犯法?

师:不犯。

生:鸟群里有没有聋子?

师:没有。

生:有没有鸟智力有问题?呆傻到听到枪响不知道飞的?

师:没有,智商都在100以上!

生:有没有关在笼子里的?

师:没有。

生:有没有残疾或饿得飞不动的鸟?

师:没有。

生:打鸟的人有没有可能看花?保证是10只?

师:肯定没有!10只。

生:会不会一枪打死两只?

师:不会。

生:一枪打死3只呢?

师:不会。一枪只能打死1只!

生:它们受到惊吓起飞时,会不会惊慌失措而互相撞上?

师:不会,每只鸟都装有卫星导航系统,而且可以自由飞行。

生:嗯,如果您的回答没有骗人的话,打死的鸟要是挂在树上没掉下来,那么就剩1只;如果掉下来,就1只不剩!

这样荒谬的钻牛角尖有意义吗?它其实是严谨和创新的渠道,是学术研究的看家本领。

# 第九章　模块6:辨别和分析论证

## 第一节　如何发现一个论证

### 一、论证的定义

简单地说,论证是一组有结构的陈述(Statement)或断言(Claim)。它可能是一句话,也可能是一个段落,甚至是一篇文章。然而,论证并不等于写在文章里的那一部分,那只是岛屿露在海面上的部分。

语言有多种功能,包括询问、指令、情感表达和陈述。有些句子不存在真或假的问题,用逻辑术语来说就是没有"真值",例如表示询问"你买到教材了吗?"或"满足大家的幸福靠什么?"发出命令"周一交作业"、给予指示"先登录注册再填写申请"、表达情感客气等用语"很高兴见到你"等。陈述句是有"真值"的句子。与询问、命令和表达情感的句子不同,陈述句表达事实和观点,它们可以为真也可以为假,人们可以客观检查它们的真假可能性。陈述句有简单陈述句和复合陈述句两种形式。

断言(Claim)是有真和假的可能的句子。它可能是陈述句(Statement)形式,也可能是感叹句或疑问句。判断一个句子是否是有"真值"的"断言",我们必须把"语境"(Context)考虑进去。语境指"语言活动赖以进行的时间、场合、地点等因素,也包括表达、领会的前言后语和上下文"。语境对语言的理解和表达有较大的影响。例如,"好大的雨啊!"可能只是一个人脱口而出的感慨,这种语境下,它没有真值,不是一个断言,不会构成一个论证。但是,如果说话人接下来说,"赶快把伞打开",这个语境中,"好大的雨啊"可以翻译成"现在下大雨",就具有了"真值",可以在论证中起作用。

在实际生活中,论证并不像逻辑结构那样清晰明了。为了更清楚地理解论证和分析评价它,人们需要把它翻译成标准的形式,包括三个基本要素:理由(前提)、结论、推理关系。

标准化是将论证按照直接、简明的陈述以从前提到结论的顺序排列出来。标准化是为了清楚表达论证结构,标准化是理解和翻译论证的过程。标准化包括抽取、改写、补充、取舍的过程——也是一个重构论证的过程。

例①太阳每天都会升起,因为它以前天天都升起。

　　太阳以前天天都升起,

　　————————

　　所以,太阳每天都会升起。

例②拳击运动对人的大脑有损害。史密斯的拳击生涯已经很长了。

所有拳击运动对人的大脑都有损害,
史密斯的拳击生涯已经很长了,
————————————
(所以,拳击对史密斯的大脑有损害)。

## 二、识别论证的方法

判断论证的准则主要是采用分析论证要素的语言和语境的方法见表9.1。

**表9.1　识别论证的方法**

| 方　　法 | 说　　明 |
| --- | --- |
| 辨别句子类型 | 是否是事实陈述和普遍断言。论证必须由有真值的陈述组成 |
| 找出表示理由、推理和结论的语词标志 | 表示理由的:因为……由于……根据……原因是……理由是……<br>表示结论的:因而……可以推测……结论是……结果是……<br>那么……以此可以知道……这就证明了……<br>表示推理状态的模态词:比如,应该,肯定,一定,或许,不可能,必然等 |
| 作者的意图 | 一段文章是否是论证,根本地还是要看作者的意图。作者是否想使读者相信或接受什么观点,或者在证明什么事实 |
| 从结论向上追寻理由 | 先抓住作者的意图和结论,然后一步步寻找支持它的直接理由。在这个寻找中,不断地询问这个问题(称之为"理由问题")"有什么理由能使我接受这个断言?"以此找到直接支持结论的理由,然后针对这个理由,再问这个理由问题,找到支持这个理由的理由,步步推进,直到达到作者给出的最初理由 |
| 运用理解、判断和想象 | 追究论证的结构,需要理解、判断和想象。需要反复阅读文章,细致地考察文字和语境的内容。有时候需要补充原文中没有明说但隐含了的意思,给它加上需要的前提 |

例如,下面这些段落虽然形式各异,但都是论证,有直接或隐含的结论。
①所以,明天可能很冷,不过我不担心。
②不要从"唯GDP"变成"唯幸福"。
③老板对我不高兴,因为我没有听他的。
④老板对我不高兴,因为他整天都没有对我有个笑脸。
⑤很高兴看到你戒烟了。
⑥为什么不让抽烟,我在这里消费,抽烟难道不是我的权利吗?
⑦树立正确的控烟观念是当务之急。
⑧你怎么能相信腐败无害论?它既不道德又不合法!

## 第二节　论证的组成要件

论证是作者能够用论据来证明论点的方法，即试图用论据证明论题的真实性，有时根据个人的了解或理解去证明。

论证的三个基本要素（组成要件）包括：前提（Warrant）、结论（Claim）、前提和结论之间的推理关联（Support），用箭头→表示，即前提→结论。判断一段话是不是论证，主要看它是否包含了这样的基本结构。没有前提或者没有结论，不是论证；没有推理关系，也不是论证。

结论：做出论证的人最终希望受众相信的那件事情或者希望他们去做的那件事情。一般用陈述句、反问句或祈使句表达。

理由：当受众对结论提出"为什么?"时，作者给出的陈述就是理由。如果结论是天花板，那么理由就是承重墙和地基。理由就是用来支撑结论的证据。

逻辑关系：逻辑关系就是指理由和结论之间的关系。按强度可以划分为：零关系、弱关系、强关系、必然关系。通常用一个箭头"→"来表示逻辑关系。箭头的尖端指向结论，尾端指向理由。所以，论证通常表示成"理由→结论"。

值得注意的是，在汉语中对要件（1）的指称有时是不清楚有歧义的。例如，人们对它的指称有多种，包括"前提""理由""保证""保障"等。其实，这些指称都对应着英语单词"warrant"，这是一个集合名称，意为"正当理由；依据"（[mass noun][usu. with negative] justification or authority for an action, belief, or feeling），例如"there is no warrant for this assumption."（这个假设没有依据。）

熊明辉（2019）提出论证有广义和狭义之分。

> 从一般意义上讲，"论证"这一术语是与两个英文术语"argument"和"argumentation"相对应的。"argument"是一种狭义的论证，是由论点、论据、论证方式构成的论证。因此，论证被定义为一个从论点出发寻找论据支持的过程。这种论证思想主要源自亚里士多德的《论题篇》（又译《论辩篇》）。从传统逻辑视角来看，"论点"相当于"结论"，"论据"相当于"前提"，而"论证方式"相当于"推论方式"（通常有两大类型，即演绎论证和归纳论证），也就是论据（前提）推导或支持论点（结论）的方式。"argumentation"则是一种广义论证，至少需要考虑到可能的反驳，如图尔敏模型的论证概念。冯契认为，"为了说明一个道理，往往需要正面的论证，又需要反面的驳斥，两方面都是需要的。"语用论辩学派创始人范爱默伦、荷罗顿道斯特等则认为，"论证"（argumentation）是消除意见分歧的手段，它本质上作为一种言语的、社会的理性活动，旨在通过提出至少一个命题来证明其立场并说服理性批判者接受其立场。

任何论证都是由一系列具有推理关系的命题构成，包括论题、论据和论证方式三个方面。

一个正确的论证应当是从真实的论据出发，根据有效的推理形式推出结论。论证所要到达的目标：宣传真理、驳斥谬误。

论证依照不同的标准可以作不同的分类:

①依据论证过程中从论据到论题的推理形式(即论证方式)的不同,将它分为演绎论证和归纳论证。

②依据对论题是否进行直接正面的论证(即论证方法),将它分为直接论证和间接论证。

③依据论据和论题之间有无蕴涵关系(即论证的有效性),将它分为必然性论证和或然性论证。

## 第三节　论证结构类型

论证结构按照其复杂程度,可以分为以下几种类型:

### 一、单前提结构

论证的最基本的三要素本身:一个前提和一个结论的结构。即:前提→结论。

例:"怀孕的时候不要喝酒!据加利福尼亚大学的古珀教授说,怀孕的妇女哪怕喝一点酒都有可能对胎儿的生长产生危险"。

| 前提:怀孕妇女喝一点酒都有可能对胎儿的生长产生危险<br>结论:怀孕妇女不要喝酒 |
|---|

### 二、多前提结构

多前提单一结论的结构,即由两个或更多的前提来推导一个结论。这有两类,一类是前提之间相互独立,比如有两个前提一个结论,每一个前提都可以单独推导出这个结论。

(1)独立的多前提结构。

例:妈妈对儿子说:"我不看那部电影,我根本就不喜欢看小孩的片子,况且也没有票卖了。"

| 前提1:不喜欢看<br>前提2:没有票了<br>结论:不去看电影 |
|---|

(2)相互依赖的多前提结构。

论证的第二种结构中的第二类是前提之间相互依赖,缺一,另一个就不能导出这个结论。

例:拳击运动对人的大脑有损害,史密斯的拳击生涯已经很长了,所以,拳击对史密斯的大脑有损害。

| 前提1+2:拳击对大脑有损伤+史密斯的拳击生涯很长<br>结论:拳击对史密斯大脑有伤害 |
|---|

### 三、链式结构

第三种推理结构是“推理链”结构。首先从一个或多个前提推导出一个结论；然后再从这个结论推导出一个新的结论，等等。最开始的前提称为“初始前提”，它的结论，因为同时又是下一步结论的前提，既可以称之为“中介前提”也可以称之为“中介结论”。最后的结论称为“最终结论”。

例：“怀孕的时候不要喝酒！据加利福尼亚大学的古珀教授说，从酒精对细胞的抑制反应实验可知，怀孕的妇女哪怕喝一点酒都有可能对胎儿的生长产生危险”。

| 初始前提：实验证明酒精对细胞有抑制反应<br>中介结论：孕妇喝酒有害于胎儿<br>最终结论：孕妇不要喝酒 |
|---|

### 四、复合的论证结构

复杂的论证推理，是由以上这三种结构组合起来的。

例：你现在这样天天玩，不好好学习，这门课你不会得到高分，加上你其他的分数也不高，你的平均总分也上不去，如果你没有别的优秀表现，申请研究生也会很困难。

这个例子的论证结构如图 9.1 所示。

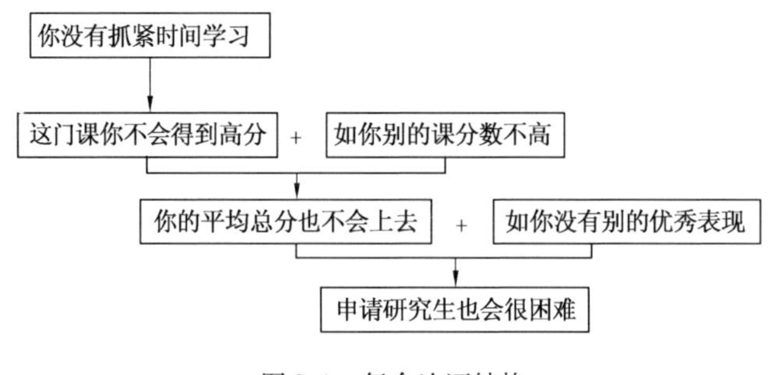


图 9.1　复合论证结构

## 第四节　归纳法和演绎法

### 一、定义与举例

#### 1. 定义

广义的知识论包含两个部分：逻辑学和知识论。逻辑学，分为范畴学和研究方法。研究方法包括归纳法和演绎法。知识论的发展分 5 个阶段：理性主义、经验主义、批判主义、批判的经验主义和实验的经验主义。

归纳法是对观察实验和调查所获得的个别事实，概括出一般原理的一种思维方式和推理形式。这种方法主要是从收集到的既有资料，加以抽丝剥茧地分析，最后得以做出一个概括性的结论。归纳法的主要环节是归纳推理，归纳推理可以分为三种方式，完全归纳法、简单枚举法,判明因果联系的归纳法。

演绎法与归纳法相反,是从一般原理推演出个别结论,即从既有的普遍性结论或一般性事理,推导出个别性结论的一种方法,由较大范围,逐步缩小到所需的特定范围。演绎推理的主要形式是三段论,它由大前提小前提和结论三部分组成。

①大前提,是已知的一般原理或一般性假设;

②小前提,是关于所研究的特殊场合或个别事实的判断,小前提应与大前提有关;

③结论,是从一般已知的原理(或假设)推出的,对于特殊场合或个别事实做出的新判断。

演绎就是结论已经在推导过程中,推导的过程就已经明确地给出了结论,结论本身只是一个复述而已,如经典的三段论:“人都会死,苏格拉底是人,所以苏格拉底会死”

大前提—— 人都会死

小前提—— 苏格拉底是人

这两个前提自证了结论,“苏格拉底会死”,即使不写出来这一句其实大家都已经明白。

**2. 举例**

(1)归纳法。

条件:我养的一只猫 A 喜欢吃鱼。邻居家的一只猫 B 喜欢吃鱼。猫 C 喜欢吃鱼。猫 D 喜欢吃鱼.……

结论:猫喜欢吃鱼。

(2)演绎法。

条件:猫喜欢吃鱼。我家养的阿喵是一只猫。

结论:阿喵喜欢吃鱼。

## 二、归纳法与演绎法的比较

**1. 归纳法与演绎法的优缺点**

归纳法与演绎法有各自的特点和优缺点,如表 9.2 所示。

表 9.2 归纳法与演绎法的比较

| | 特性 | 优点 | 缺点 |
|---|---|---|---|
| **归纳法** | 特殊到一般 | 能体现众多事物的根本规律,且能体现事物的共性 | 容易犯不完全归纳的毛病 |
| **演绎法** | 从一般到特殊 | 由定义根本规律等出发一步步递推,逻辑严密结论可靠,且能体现事物的特性 | 缩小了范围,使根本规律的作用得不到充分的展现 |

演绎推理是一种必然性推理,因为推理的前提是一般推出的结论是个别,一般中概括了个别,事物有共性,必然蕴藏着个别,所以一般中必然能够推演出个别,而推演出来的结论是否正确,取决于大前提是否正确,推理是否合乎逻辑。

归纳法和演绎法在应用上并不矛盾,有些问题可采用前者,有些则采用后者。而更多情况,将两者结合着应用,则能收到更好的效果。

例如: 从“这只乌鸦是黑色的”到“所有乌鸦都是黑色的”推理,这是典型的归纳。

但是,如果补上一个前提:“所有的乌鸦都和这个乌鸦一样”,它就是演绎有效的推理了:

(所有的乌鸦都和这个乌鸦一样)
这个乌鸦是黑的
————————————
所以,所有乌鸦是黑的

**2. 归纳和演绎的相互渗透和转化**

补充隐含假设虽然可以完善论证,但有必要去追问附加假设的根据是否合理和有必要,这是论证的深层基础。

归纳和演绎可以相互渗透和转化。在实际思维过程中归纳和演绎并不是绝对分离的,在同一思维过程中,既有归纳又有演绎,相互连接,相互渗透,相互转化。

(1)归纳法的主要作用。

①科学实验的指导方法:为了寻找因果关系,而利用归纳法,安排可重复性的实验。

②整理经验材料的方法:利用归纳法从材料中找出普遍性或共性,从而总结出定律和公式。

(2)演绎法的主要作用。

①检验假设和理论:演绎法对假说做出推论,同时利用观察和实验来检验假设。

②逻辑论证的工具:对科学知识的合理性提供逻辑证明。

③做出科学预见的手段:把一个原理运用到具体场合,做出的正确推理。

## 三、归纳法与演绎法的区别

归纳法与演绎法的区别在于以下几个方面:

**1. 二者的思维过程不同**

演绎推理是从一般性的原理、原则中推演出有关个别性知识,其思维过程是由一般到个别;归纳推理则是由个别或特殊的知识概括出一般性的结论,其思维过程是由个别到一般。

例1:直线是两点间最短距离。

线A-B是点A和B间的最短距离。

所以,A-B是直线。

这个例子就是属于演绎推理,它是从一般性的原理而推演出个别例子的结论。

例2:孔雀会飞,麻雀会飞,啄木鸟会飞……

孔雀、麻雀、啄木鸟都是鸟,

所以,所有鸟都会飞

这个例子则是属于归纳性推理,它是从个别事物的特征推演出一般性的结论的。

**2. 前提数量是否确定**

一般来说,演绎推理的前提数量是确定的,归纳推理的前提数量的多寡是不定的。

例如:上面所举的例子,演绎推理的例子只是用了“直线是两点间最短的距离”这个前提;而归纳推理的例子则是“孔雀会飞,麻雀会飞,啄木鸟会飞……”用了省略号,说明前提数量可以多个。

**3. 是否超出前提所涉及的范围**

演绎推理的结论原则上不能超出前提所涉及的范围;而归纳推理的结论,一般要超出前提所涉及的范围。

例如:“直线”这个演绎推理的例子,其结论是“A-B 是直线”,它的前提是关于直线的定义,结论和前提是密切相连的,所以结论不能超出前提范围;而“鸟会飞”这个归纳推理的例子的前提数量是可以无限的,所以,所推演出来的结论在前提中并不能一一列举,因此,归纳推理的结论一般都超出前提所涉及的范围。

**4. 结论与前提的联系是否具有必然性**

演绎推理的结论与前提的联系是必然的,只要前提真实、形式有效,其结论必定可靠;而归纳推理的结论与前提的联系不一定是必然的(只有完全归纳推理的结论与前提的联系具有必然性),因为归纳的前提往往以直接经验为依据,人们的经验则往往是不完全的。

# 第五节　评估论证

## 一、评估论证的方法和步骤

对论证的评估以论证的识别和分析为前提条件;评估的对象包括对论据(前提)的评估和论据对论题的支持力(前提到结论的推理)的评估。

前提的可接受性:逻辑的、经验的或价值的/ 描述、解释或评价。

前提对结论的支持:演绎的、非演绎(强的、弱的)。

识别并分析论证的步骤主要包括以下几个方面:

**1. 删除**

将与支持一个主张不相干的部分、重复的信息去掉;属于交际性的内容、插入的话题、无关的枝节、解释的话语都予以忽略。

**2. 补充**

使隐含的陈述明确化,包括使论证成立的隐含的预设和未表达前提。

**3. 替换**

用清楚确切的表达方式来替代含糊或间接的表达方式,同义的所有表达式用唯一的表达式替换。

**4. 排列组合**

将有支持关系的陈述放在一起,按论证展开的进路排列组合。

## 二、评估论证中的模糊性语言

评估论证中的语言可以从以下几个方面进行:

**1. 语言不明确**

例：根据经济的规律和经验，如果通货膨胀率显著增加，央行就会提高利率来遏制它。刚发表的上月统计说通货膨胀已经达6.5%。可以预计，央行很快会宣布加息。

标准化表达：

如果通货膨胀率**显著增加**，央行就会提高利率来遏制它。

刚发表的上月统计说通货膨胀已经达6.5%。

---

所以，央行很快会宣布加息。

分析：

如果不能确定词和句子的内容，就无法确定它的真假范围，无法确定它支持什么，无法知道它和结论的关系。为使论证合理有效，可以将模糊词"显著增加"改为具体的数字6%。

如果通货膨胀率超过**6%**，央行就会提高利率来遏制它。

刚发表的上月统计说通货膨胀已经达6.5%。

所以，央行很快会宣布加息。

**2. 偷换概念**

在论证中，如果同一个词用在不同地方有了意义的变化，人们称之为偷换概念。就是说，在论证前后，用的虽然看上去是一个词，其实是两个不同的意义——等于是用两个词。

**3. 意义歪曲**

相比于偷换概念，意义歪曲更为普遍。意义歪曲和偷换概念的主要不同在于，偷换概念是在一个词的原来有的两个意思上转换，比如"想"包括"思考"和"向往"两个意思等；意义歪曲是把一个词的意思曲解为它原来没有的意思。

**4. 语言空洞**

模糊性是导致语言空洞的另一重要原因。模糊性和信息量成反比，即模糊性越大，信息量越小。某些套话在什么地方都适用，也就是都不适用。

**5. 语言晦涩**

有时候过于学究气的语言是晦涩难懂的，它是空洞抽象和模糊的集合，以表9.3为例。

**表9.3　论证语言晦涩举例**

| 小学成绩单上的评语 | 真正的意思 |
|---|---|
| 她运用位置的语言系统地描述了对象或者人的相对地点 | 学生能够说自己在队伍的前面、后面或者"我是第三个" |
| 她用自己感官、独立地研究了各种对象和结构的特征 | 一年级学生学习感知，触摸物体，描述感觉，比如，软、硬、有刺、好闻等 |
| 她展示了运用推动、操作和稳定的运动原理 | 体育课上，孩子可以跑、站立、保持身体平衡 |
| 她展示了对艺术工具的合适控制和运用的理解 | 学生可以用剪刀、胶水，画笔来做手工作业 |

# 第六节　论说文和议论文

## 一、论说文和议论文结构概述

论说文和议论文都是以“议论”为主要表达方式的文体。论说文是直接说明事理、阐发见解、宣示主张的文章。它的中心在于“事理”“见解”“主张”，它的表达方式主要是议论，这些都是和记叙文相区别的。“说明事理”“阐发见解”“宣示主张”，都是为了“答疑解难”，也就是为了回答问题、解决问题。广义地说，论说文所回答的问题是无所不包的，大至宇宙天地、社会人生；小至一事一物、一言一行，任何问题都可以“论”，都可以“说”。例如“论友谊”。

议论文，又叫说理文，是一种剖析事物，论述事理，发表意见，提出主张的文体。作者通过摆事实、讲道理、辨是非等方法，来确定其观点正确或他人观点错误，树立或否定某种主张。议论文应该观点明确、论据充分、语言精练、论证合理、有严密的逻辑性。

议论文以议论为主要表达方式，通过摆事实，讲道理，直接表达作者的观点和主张。它不同于记叙文以形象生动的记叙来间接地表达作者的思想感情，也不同于说明文侧重介绍或解释事物的形状、性质、成因、功能等。总而言之，议论文是以理服人的文章，记叙文和说明文则是以事感人，以知授人的文章。

## 二、议论文三要素

议论文的三要素是论点、论据和论证。

**1. 论点**

论点是作者所提出的见解和主张，是讨论的中心观点。

(1)中心论点。

中心论点即作者在文章中全力论证的总观点。

(2)分论点。

有时为了补充或支持中心论点，作者会从不同角度提出分论点。

**2. 论据**

论据是用以支持论点的证据、理由、材料等。

(1)事实论据。

事实论据即发生过的事情，如历史事实、新闻大事、研究或统计数据等，即代表性的事例，确凿的数据，可靠的史实等。事实在议论文中论据作用十分明显，分析事实，看出道理，检验它与文章论点在逻辑上是否一致。

(2)道理论据。

道理论据指公认的道理，或名人的言论、寓言故事、科学定理等。作为论据的理论多是公众比较熟悉的，或者是为社会普遍承认的，它们是对大量事实抽象，概括的结果。理论论据又包括名言警句、谚语格言以及作者的说理分析。

**3. 论证**

用论据去支持和证明论点的方法或过程。

论证的方法有多种，包括以下方面：

(1)举例论证。

列举确凿、充分，有代表性的事例证明论点。

(2)道理论证。

用经典著作中的精辟见解，古今中外名人的名言警句以及人们公认的定理公式等来证明论点。

(3)对比论证。

拿正反两方面的论点或论据作对比，在对比中证明论点。

(4)比喻论证。

用人们熟知的事物做比喻来证明论点。此外，在驳论中，往往还采用“以尔之矛，攻尔之盾”的批驳 方法和“归谬法”。在多数议论文中往往是综合运用的。

(5)归纳论证。

归纳论证也叫“事实论证”。它是用列举具体事例来论证一般结论的方法。

(6)演绎论证。

演绎论证也叫“理论论证”，它是根据一般原理或结论来论证个别事例的方法。即用普遍性的论据来证明特殊性的论点。

(7)类比论证。

类比论证是从已知的事物中推出同类事例子方法，即从特殊到特殊的论证方法。

(8)因果论证。

它通过分析事理，揭示论点和论据之间的因果关系来证明论点。因果论证可以用因证果，或以果证因，还可以因果互证。

(9)引用论证。

“道理论证”的一种，引用名家名言等作为论据，引经据典地分析问题、说明道理的论证方法。引用的方法有两种：一是明引，交代所引的话是谁说的，或交代其出处，一种是暗引，即不交代所引的话是谁说的或出处。

## 三、论说文和议论文的区别

论说文和议论文的区别主要体现在以下几个方面：

**1. 用意不一样**

论说文是直接说明事理、阐发见解、宣示主张的文章。议论文，又叫说理文，是一种剖析事物论述事理、发表意见、提出主张的文体。

**2. 重点不一样**

论说文的中心在于“事理”“见解”“主张”，目的是为了回答问题、解决问题。议论文则是通过摆事实、讲道理、辨是非等方法,来确定其观点正确或错误,树立或否定某种主张,重点在于以理服人。

**3. 体式不一样**

论说文有社论、宣言、声明、报告、演讲、评论、按语、杂感、学术论文、科普论文,等等。议论文则主要分为纵式(逐层深入的论述结构)和横式(并列展开的论述结构)。

### 四、议论文分类

议论文主要分为两大类:立论文和驳论文。

**1. 立论文**

立论文是以议论为主要表达方式,通过摆事实,讲道理,直接表达自己的观点和主张的文章体裁。它要求以下几点:

①要对论述的问题有正确的看法。

②用充足有说服力的论据。

③要言之有理,合乎逻辑。

**2. 驳论文**

驳论文指"论辩是针对对方的观点加以批驳,在批驳的同时阐述己方的观点"。驳论的方式是:提出论点、证明论点和总结论点。驳论文通常是破立结合:首先指出对方错误的实质,再批驳已指出的错误论点,并在批驳的同时或之后针锋相对地提出自己的正确观点加以论证。

## 第七节　教学设计

**1. 教学目标**

熟悉论证结构。

**2. 教学内容**

论证的定义、论证的组成要件和结构类型、归纳法和演绎法。

**3. 教学重点**

评估论证。

**4. 教学难点**

论证结构类型的识别。

**5. 教学素材**

见本章内案例及分析。

**6. 教学活动**

(1)小组讨论。

找出下面论证的结构。

a. 我们应提高罚款,现在的罚款数根本不能遏制人们开车超速。

b. 计算机使知识成为可以马上运用、而不是只为了考试而背诵的东西。作为探索的工具,使用计算机的另一个重要的好处是大多数学生觉得它很有意思,喜欢用新的程序来试他们的想法,所以学生可以愉快地投入到他们的学习中。

c. 我们对动物有道德的责任,因为动物可以感受快乐和痛苦。我知道这一点,因为动物表现出和人类相似的行为。很清楚,我们有责任增加快乐、减少痛苦。另外,我们的生态系统对我们的生存至关重要,我们有道德责任来保证我们自己的生存,所以,我们对生态系统的重要组成部分也有道德责任。动物是我们生态系统的重要组成部分。

# 第十章　模块7:批判性阅读

## 第一节　批判性阅读文献综述

### 一、批判性思维与批判性阅读

“批判性”这个词的定义是多种多样的。根据Pennycook(2001:4),批判性思维用来描述一种方式,即保持一定距离,运用更缜密的分析去解决问题或理解文本。Wassman & Paye(1985:187)指出“批判性”不是严格意义上的否定,它的含义是“小心地并且确切地评价与判定”。《美国传统大辞典》中的一个词条解释是“具有小心的、确切的评价和判定的特征”。“批判性阅读”是这个定义下的一个举例。

Pennycook(2004:329-330)总结了做到“具有批判性”的四种途径。首先是具有批判性思维中的批判性意识;第二,将各种事物进行社会性关联;第三,遵从摆脱束缚的现代主义;最后一种方式是把“批判性”这个理念看作是问题化的常规做法。

现在广为认可的是,在学习这个范畴内,“批判性”不意味着否定含义(Poulson & Wallace,2004;Prrozzi,2003;Bean,et al,2002;Millan,1995)。“批判性”不是指“找茬或吹毛求疵”,而是指“小心地评价、合理地判断和讲理地掌控”。

Pirozzi(2003)认为批判性思维最好被描述成为一种非常小心的考虑全面的处理事件、观点、问题、决定,或者局面的方式。它有助于评估教材或者其他类型的读物、识破动机和评价论证、考虑各种选择项、产品、广告和商务促销;有助于评判各种政策和项目等。

“具有批判性”可以应用到各种阅读环境。Hancock(1987:121)认为批判性阅读可以被看作是批判性思维的一种形式,…… 它指引你在生活的大事小情中发展自己的观点。Goatly(2000)和Pirozzi(2003:440)坚持认为必须批判对待广告。Millan(1995:268)总结了8个批判性问题,用以质询主流报纸中“观点专栏”中的对争议话题的“社论”文章。

根据Wassman & Paye(1985:187),批判性理解包括对所读内容的思考与推理。读者必须对作者直接或间接的阐述进行思考。不要全盘接受印刷出来的所有论断,相反,对作者所说的,以及自己通过阅读所理解的,你应该都要质询。批判性读者会评价作者的信息,自己得出结论,把所读内容与已知内容关联起来。

批判性阅读的核心在于一个共识,那就是“读者立场”被充分强调,尽管人们从各种角度对它进行定义或者赋予它各种灵活的特征。

### 二、批判性阅读的定义

早期关于批判性阅读的文献聚焦于阅读中的讨论与提问。Hafner(1974:40)把批判性阅读定义为"一个可以改进的思维过程,因为阅读者学会了更加建设性地使用语言,学会通过小心求证的讨论去澄清概念"。Spache & Berg(1984:143)发展了这个定义,并把批判性阅读看作是带着分析和评判进行阅读的能力。他们认为"批判性阅读要求读者和作者都做出贡献,相互影响形成新的理解"。

目前,批判性阅读被看作是一种积极的阅读,读者在阅读中的作用被充分强调。读者会有自发的活动,例如记下想法和回应、评价文本中的信息和结论、思索概念的重要意义,或者备注几种可能性(Schwegler,2004:14)。Bean,Chappell & Gillam(2002:27)甚至提出批判性阅读是一种积极的创作过程。

Priozzi(2003:325)给出了明确的全面的定义如下:

> Critical reading can be defined as very high-level comprehension of written material requiring interpretation and evaluation skills that enable the reader to separate important from unimportant information, distinguish between facts and opinions,and determine a writer's purpose and tone. It also entails using inference to go beyond what is stated explicitly,filling in informational gaps,and coming to logical conclusions.
>
> 英语批判阅读能力是对书面材料的高层次理解,指读者运用诠释和评价技能识别重要信息和非重要信息、区分事实与想法、判断作者的语气和写作意图,使用推断技能深层次地体会表象语言,主动弥补缺失的信息带,从而得出符合逻辑的论断。

Garrigus(2002:169)和 Pirozzi(2003:197)归纳了批判性阅读的主要特征:

①有目的有目标(having purpose and setting goals)。

②提出问题并寻找答案(asking questions and finding answers)。

③自我监控阅读目标的实现(monitoring progress in reaching reading goals)。

④灵活阅读:必要时向前跳读或回读(reading flexibly:looking forward or checking back if necessary)。

⑤合理分配时间和精力(allotting time and effort)。

⑥遇到困难时自动调整阅读速度(adjusting reading rate to difficulty level)。

⑦将新信息与旧信息关联起来(relating new information to previous knowledge)。

⑧得出符合逻辑的结论(coming to logical conclusions)。

Twining(1985:322)指出"批判性阅读过程在开始阅读的同时就发生了。最初的思考包括以下几个方面,是谁写的这篇文章?作者具备什么资格?文章发表于何处?出版的目的是什么?这些思考对于读者来说是一个准备阶段,因为这些信息会使读者警惕某些特定观点"。Bean,el.(2002:27)认为"阅读是一种积极的而非消极的过程…… 阅读,就像写作一样,是一个积极的创作过程。"

在批判性阅读过程中,读者的立场始终是被强调的。批判性读者通常被看作是积极的阅读者。他们在阅读过程中提问、确认,并评判所读内容(Collins,1993)。批判性读者积极地参与到整个阅读过程中。他们不断地仔细核查文中呈现的证据,并基于证据进行推断(Twining,1985:322)。批判性读者评价作者的信息,得出自己的结论,并把所读的内容与自己已知的内容关联起来(Wassman & Paye,1985:187)。

当然,有时候读者只是纯粹地阅读来获取想法和信息,并不会发生互动。但是,即使是为获取信息而读,批判性阅读习惯也会给读者带来帮助,促使他考虑文章中的信息是否可靠(Schwegler,2004:14)。

Clegg(1988:43)是这样描述批判性阅读的重要性的:

> 当读者不仅仅知道作者说了什么,而且知道作者是如何呈现他的想法,作品寻求实现什么目标的时候,读者就会充分理解一篇文章或一本书。在这个层次上,读者可以区分真相与歪曲、信息与鼓吹、公知政策与个人偏见的不同。阅读者变成了思考者。成为一名善于思考的阅读者意味着他学会了识别受众范围、作者的形象、写作的目的以及评价论证过程。

## 三、批判性阅读是一种高阶思维过程

批判性阅读是一个高阶思维过程。Paul & Nosich(2007)引用了《国家委员会声明草案》(National Council Draft Statement)中对这一过程的描述:

> 它(批判性思维)使读者仔细检查文章推理过程中未明确说明的结构或要素:目的;问题或谈论的议题;假设;概念;经验基础;推断;暗示与后果;其他观点的反对意见和引证框架。

Pirozzi(2003:325)明确地把批判性阅读定义为一种高水平的理解过程。Adams(1989)把阅读分为三个水平:字面理解、批判性理解和情感理解。其中,批判性阅读高于字面理解水平。Spache & Berg(1984:1)详细地解释了阅读技能的发展过程,从最简单的字面回忆到复杂的批判性分析,大体上经过了以下沿线过程:

识别单词→读懂并能记住细节→把细节分类→析出主要内容→批判性阅读→发展词汇→灵活阅读→回顾文章→归纳总结

Hafner(1974:40)把批判性阅读与读者成熟度关联起来。他认为一名读者成熟度越高,他就更愿意批判性地核查信息来源。如果达到了最高程度的成熟度,读者将会改变他的世界观,因为他应用了从反思性阅读中得到的启示。

类似地,Clegg(1988:43)提出观点认为,"在高水平层面,仅仅知道一篇文章说了什么是不够的,读者需要区分真理与歪曲、信息与鼓吹、公知政策与个人偏见。"他主张"成为一名善于思考的阅读者"意味着他要学会识别文章受众、作者形象和意图,以及评价论证。

批判性阅读基于字面阅读,全面的字面理解是进入批判性阅读的门槛。然而,批判性阅读是一种高水平的阅读。它与字面阅读有着极大的不同,例如阅读目的和阅读过程不同,最重要的是阅读立场不同。但是我们要牢记,对批判性阅读的重视不等于可以忽视字面阅读。

## 四、批判性阅读与字面阅读的对比

Phillips & Sotiriou(1992:268)将批判性阅读与字面阅读对比如下:

> 对字面阅读而言,你的目的主要是字面理解:明确主要观点和支撑性细节,以及了解书面材料的结构。多数的阅读材料都是单向的。然而,在批判性阅读

过程中，你的目的超出了表面内容。你做得更多：分析、评论、回应、深刻理解。你所阅读的材料通常要比日常的读物复杂得多。这种类型的材料是多向的。你需要读它两到三次，然后才能有效地讨论或写作。

相比于字面阅读而言，在批判性阅读中读者的作用更重要一些。有些学者认为正是读者的评判和回应作用，才使得批判性阅读极为重要。Milan(1995:217)指出，除了具有良好的理解技能，批判性阅读"要求读者具有开放的心态，不要因为你所读的内容是印刷出来的，就毫无异议地全盘接受"。Spache & Berg(1984:143)认为两类读者截然不同，一类是"受作者控制的读者"，另一类是"为发展自己的智力目的而读书的读者"。

根据 Adams(1989)和 Wassman & Paye(1985)，批判性阅读与字面阅读的对比如表10.1所示。

**表 10.1 批判性阅读与字面阅读的对比**

| 批判性阅读强调 | 字面阅读强调 |
|---|---|
| **读者立场** | **作者立场** |
| 批判性距离 | 与作者合体 |
| 客观评价 | 主观遵从 |
| 解释文本 | 翻译文本 |
| 使用文本 | 理解文本 |
| 挑战权威 | 顺应权威 |
| 回应文本 | |
| **基于修辞的阅读** | **基于字面的阅读** |
| 猜测语境中的生词词义 | 猜测词义 |
| 识别作者的目的 | 找到特定信息 |
| 识别作者的语气 | 理解句子语法 |
| 识别作者的论证方法 | 猜测句子的引申含义 |
| 识别作者论证的组织模式 | 归纳段落大意 |
| 依靠语境进行推断 | 归纳文章主要内容 |
| 区分事实与观点 | 识别文本的目的与语气 |
| 区分不同的反对观点 | |
| 评价语言的使用 | |
| 挖掘深层论证 | |
| 评价论证的逻辑性 | |
| 识别论证中的"煽情" | |
| 识别论证中的"谬误" | |
| 分析修辞功能 | |

续表 10.1

| 批判性阅读强调 | 字面阅读强调 |
|---|---|
| 社会关联(宏观语境) | 文本语境(微观语境) |
| 文化背景 | 词句复杂度 |
| 事件背景 | 连贯与关联 |
| 作者背景 | 信息流 |
| 交流语境 | |
| 情景语境 | |
| 交互语境 | |

## 五、对批判性阅读能力的描述

对批判阅读能力的描述主要有三种形式:说明式、清单式和问题式。

**1. 说明式**

Spache & Berg(1984:143)是这样描述批判性阅读能力的:

首先,最重要的是精确理解作者说了什么的能力,包括能够辨别事实;能够批判性地评价来源的可靠性、时效性、准确性以及作者的优势;能够识别作者明显的和隐藏的目的、观点和假设;能够区分哪些内容呈现想法哪些内容基于事实。第二点,读者应能够仔细核查文中暗含的内容:作者隐含了什么内容?作者想要读者推断出什么?作者的语气、用词和写作风格暗示了什么?最后,读者能够对作者试图影响读者的手段策略做出回应,例如,煽动读者对一些个人需求或社会需求的渴望,包括安全、地位、赞同、接受,等等。读者也会仔细考虑作者的观点的逻辑性、前提假设的合理性和结论的准确性。

**2. 清单式**

Clegg(1988:53)列举批判性阅读能力中涉及的要素清单包括以下内容:

①论题(Thesis)。

②支持的主要论点(Main Supporting Points)。

③明示性语言和隐含式语言(Denotative and Connotative Language)。

④语气(Tone)。

⑤观点(Point of View)。

⑥假设(Assumptions)。

⑦受众(Audience)。

⑧作者形象(Persona)。

⑨目的(Purpose)。

⑩论证方式(Argumentative Approach)。

⑪证据类型(Kind of Evidence)。

⑫证据的效度(Validity of Evidence)。

⑬论证瑕疵(Argument Flaws)。

网站“批判性思维基本原理”指出阅读中的批判性思维蕴含着以下能力:

①形成准确的解释。

②评估作者的目的。

③准确地识别探讨的问题。

④准确识别文章核心内容中的基本概念。

⑤发现所提倡的立场中隐含的重要内容。

⑥识别、理解并评价某人立场中的隐含假设。

⑦识别文章中呈现的证据、论证和推断(或缺乏这些)。

⑧合理评价作者的可信赖度。

⑨准确抓住作者的观点。

Poulson & Wallace(2004:7)指出一个批判性阅读者阅读文献时能够:

①考虑作者的写作目的。

②研究作品的结构从而理解作者的论证发展。

③努力识别作者论证中的主张。

④对作者的主张采取怀疑的立场,核查这些主张是否有说服力地支持论断。

⑤质询作者在得出概括性结论时是否有充分的支撑。

⑥核查作者在文中使用的关键术语究竟是何种含义,作者在使用过程中是否前后一致。

⑦考虑是否某些固有观念影响了作者的主张,是如何影响的。

⑧区分“尊重作者本人”与“怀疑作者的作品”。

⑨保持开放的心态,同时有保留地被作者说服。

⑩核查是否作者所写的一切都与写作目的有关以及与开展论证有关。

⑪确认作者参考的文献都可以被查证。

**3. 问题式**

Wassman & Paye(1985:323)提出了15个用于批判性阅读的关键问题:

作者的可靠性与观点:

①作者是谁?作者的职业背景是什么?作者在支持自己的主张时引用了哪些权威人士或权威观点?作者用什么来支持他的观点?(举例、统计数字,还是其他数据?)

②基于作者引用的权威,作者的评论、概述和观点可信吗?

③作者的论调是什么?(例如,作者是用主观的还是客观的方法?是中立的还是有偏见的?积极的还是消极的?)你是如何知道的?

事实与想法:

哪些陈述基于事实?哪些陈述是想法?有些陈述是事实与想法的结合吗?

语言:

①作者使用的语言是明示性的还是隐含性的?

②作者使用的语言主要是字面意还是比喻意?

作者的语气、目的、议题以及态度:

①作者的语气是什么?(例如,严肃的?批判的?讽刺的?愤世嫉俗的?挖苦的?幽默的?)作者用了多种语气吗?

②作者的目的是什么?(例如,告知?消遣?指示?说服?论辩?解释?描述?讲述?煽动?激发?)作者写作的动机是什么?

③作者恪守的论点是什么?

④作者对他的论点的态度是什么?

推断:

①作者意图引导读者得出的结论是什么?

②从作者的暗示中可以推断出什么?

③这些推断有效吗?加以解释。

批判性评判:

①作者论证的合理性是什么?(例如,这些论证符合逻辑吗?有偏见吗?完整吗?有误导性吗?)作者说明某些观点时是否有信息不足或信息错误的情况?

②你对作者所说的内容的回应是什么?已经被说服相信了吗?要回答这个问题,你可以:

A. 描述或解释一下你从阅读当中得出的想法或结论,或

B. 把你所读的与你自己的经历关联起来,或

C. 指出作者的观点是如何改变或根本没有改变你原有的信念,并讨论你是否赞同或不赞同这些观点。

Bean, el. (2002:20)提出用5个关键问题揭露作者的基本观念和假设:

①文章中提出了哪些问题?(为什么这些问题重要?什么人群或社区关心这些问题?)

②文章的受众是谁?(我是受众中的一员还是局外人?)

③作者是如何运用推理和证据指出他的论点的?(我觉得他的论证可信吗?文章中省略了哪些观点或反面论证?哪些反面的论据被忽视了?)

④作者是如何紧紧勾住意向受众的兴趣并让他们读下去的?(这种吸引对我奏效吗?)

⑤作者是如何让自己在意向受众面前显现的可以信赖的?(这个作者值得我信赖吗?)

通过批判性地思考这些“如何”问题,读者将能够更全面的理解文章。再考虑另外三组问题,读者将能做好准备回应文章:

①作者的根本的价值观、信念和假设与你自己的相似还是不同?(作者的世界观与

我的一致吗?)

②我该如何回应这篇文章?(我会接受文章所持的观点还是会挑战这些观点?这些观点是如何改变了我的思考?)

③作者的明显的写作目的是如何与我的阅读目的相匹配的?(我该如何应用从文章中学到的观点?)

Wassman & Paye(1985)提出的15个用于批判性阅读的关键问题和Bean,el.(2002)提出的8个关键问题英语原版见附录。

## 六、学术英语领域中的批判性阅读

Bean,el.(2002:13-14)提出在学术英语(English for Academic Purposes,EAP)环境下,批判性阅读可以实现两个目标:

> 第一个是学会课程中的主体信息,即掌握课程的关键概念和观点,理解相关理论,观察理论如何解释特定数据和观察到的现象,学会主要定义和公式,记住重要事实。认知心理学家们有时将其称为"学习概念性知识",也就是说,学习课程的核心实质。大学教材的首要目的是传授概念性知识。
>
> 但是大学课程的第二个目标是要学生掌握他的学科领域对待世界的独特的思维方式,这一目标是通过把概念性知识应用到解决新问题的过程中实现的。他的学科领域通常会问什么样的问题?这个领域中有哪些假设是共享的,哪些是有争议的?什么能够使学科中的论证令人信服?所以,除了掌握一门课程的基本概念之外,学生需要知道学科领域中的专家是如何提出问题并进行探寻的。心理学家把这种学习方式称为"学习程序性知识",即使用学科特有的思维方式,把概念性知识应用到新问题的能力。当教师分配给学生的任务是阅读教材以外内容的时候,例如,阅读报刊文章、学术文章,或像历史文档或初始文字这样的原始文献,老师注重的是程序性知识。

在学术领域中,对非小说类文本进行批评性阅读是非常普遍的。学生通过批判性阅读分析教材中涉及的文体、语篇、措辞和论证等方面。美国的"大学学术技能测试"(College Level Academic Skills Test,CLAST)就要求考生做到这些(Goldfarb & Johnson,1989)。

Maker & Lenier(1986:138)对学术领域中的批判阅读能力做出如下描述:

> 对非小说文本进行批判性阅读是指对所读内容做出判断并决定是否相信的过程。批判性阅读可以使学生估量作者的论证、评价作者支撑论证的好坏并得出自己的结论。批判性阅读既要求字面理解也要求推断理解。如果学生不能理解事实以及事实暗含的含义,他就无法做出任何判断。

Poulson & Wallace(2004:6)认为在学术语境中进行"批判性"质询,要做到以下几个方面:

①采取怀疑或合理怀疑的态度,尤其是对学术领域中自己和他人的知识(如一个理

论、研究发现或者改进建议),以及产生这些知识的过程(例如是否空谈理论、调查研究是否合理、是否具有可操作性等)。

②习惯性地质疑所提主张的质量以及生成主张的方式,无论是自己的,还是他人的,对学科领域知识提出的主张。

③对主张详查细审,看这些主张在核查之后还具有多大的可信性(例如,一个理论的组成部分是否总是逻辑一致,基于研究发现得出的归纳总结是否有充分的证据支撑,给出的建议是否基于可接受的价值观)。

④任何时候都要尊重作者。挑战别人所做的研究是可以接受的,但进行人身攻击是不可以接受的。

⑤保持开放的心态,如果疑问消除就乐于信服,否则就保持存疑。

⑥做有建设性的事情。为了实现一个值得的目标,把怀疑的态度和开放的态度都放入到工作中。为了找到更好的做事方式而挑战别人的研究是可以接受的,但是沉溺于对别人工作的破坏性的批判只是为了显示自己智力的高超,是不能接受的。

Garrigus(2002:xvi)提出在学术英语语境中,批判性阅读能力有两个层次:基本的批判性阅读技巧和高阶的技巧。前者聚焦于段落分析,后者侧重推断和评价。

基本的批判性阅读技巧指以下各种能力:

①区分主题的组织方式与想法的组织方式。

②逐级找出各个段落、多个段落和文章的主题。

③识别观点的组织模式。

④找出连接要素或细节的模式中的关联标示词。

高阶的批判性阅读技巧要求学生。

①进行推断并说出隐含的主要观点。

②合成一些句子来阐述对立的主要观点。

③区分事实与想法。

④评价证据。

⑤解释隐喻性的语言(包括类比)。

⑥识别基本的逻辑谬误和情感煽情。

## 第二节　批判性阅读思路、过程与检验

### 一、批判性阅读思路

在批判性阅读过程中,例如相信和接受一个信念、报告、论证、提议之前,需要考虑以下几个方面:

①全面理解:什么问题、主题、背景、立场和目的?

②论证构成:什么立场和结论?提出了什么理由?理由和结论的路线图?

③语言意义:关键的概念有模糊性和空洞抽象性吗?
④证据真理:证据、理由真或可靠吗?有独立的可检验性吗?事实描述全面吗?
⑤充足推理:推理有效或者充足、合理吗?
⑥隐含前提:有隐含假设以及它们可信吗?
⑦竞争观点:有不同或替代的观点和论证吗?
⑧综合判定:在竞争中,论证可以接受吗?需要修正吗?

## 二、批判性阅读过程

批判性阅读主要有两个阶段:一个是理解过程一个是批判过程,如表 10.2 所示。

表 10.2　批判性阅读过程

| 阶段 1:理解地读 | 阶段 2:批判地读 |
| --- | --- |
| 目的:理解<br>立场:和作者对话<br>任务:寻找论证 | 目的:评判(发展)<br>立场:自主思考<br>任务:拷问论证 |
| 方法:通读,精读,笔记,概括,发问 | |

**1. 批判性阅读——理解原意(和作者对话、发掘论证)**

(1)了解作者、出版和背景信息。
(2)考虑写作的目的。
(3)明确文章主题和主要论点。
(4)确定关键概念的清晰性。
(5)笔记:标出关键概念,证据,结论,评论,疑问。
(6)概括。

**2. 批判性阅读——评判和发展(自主思考、拷问论证、批判发挥)**

(1)评价文章论证优缺点——可靠吗?为什么?
(2)思考自己的立场、证据和推理——自主的思考和探索。
(3)评论问题的一些例子。
①为什么这样说?
②例子呢?
③这个情况有例外吗?
④这个原则在另一个情况下如何,比如……
⑤这个词定义是什么?
⑥真的吗,是否因人和情况而异?
⑦怎么知道这一点?
⑧这个理由真能得出这个结论吗?

在具体的批判性阅读过程中,可以采取以下五个步骤,如表 10.3 所示。

表10.3　批判性阅读步骤

| 阶段 | 步骤 | 分析 |
| --- | --- | --- |
| (一)理解和分析 | 1. 批判性阅读 | 理解:议题、目的、立场、背景和论证 |
| | 2. 分析和重构论证 | 澄清语言概念<br>辨别论证结构:前提、结论<br>补充隐含前提<br>揭示隐含假设 |
| (二)评价和判断 | 3. 前提的可靠性 | 确认证据客观<br>追寻直接证据<br>检查来源可靠<br>审核来源公正 |
| | 4. 推理的合理性 | 确定前提相关<br>判定推理充分<br>推导最好解释<br>综合最佳决策 |
| | 5. 论证的辨证性 | 力求公正开放<br>促进竞争创新<br>构造替代论证<br>调整综合论证 |

## 三、批判性阅读检验

对批判性阅读过程的检验,可以考虑读者是否做到以下几个反面:

①理解主题问题。

②澄清观念意义。

③分析论证结构。

④审查理由质量。

⑤评价推理关系。

⑥挖掘隐含假设。

⑦考虑多样替代。

⑧综合组织判断。

# 第三节　批判性阅读分析实例

以下这篇分析文章选自《批判性思维原理和方法》(董毓,2010)。

美国《时代》网站2008年8月14日;《时代》周刊2008年8月25日。

文章内容见本章附录。

## 一、论证要点

断言1:北京有可怕的空气:闷热,潮湿,污染,它们对室外运动产生影响。

证据:部分原因是气闷,8月9日自行车比赛三分之一以上中途退出。

断言2:北京的空气是污染汤——包括超细微粒、一氧化碳、硫氧化物和臭氧,每个成分都可能降低运动员的速度。

证据:15个冰球运动员两次6分钟骑车冲刺实验中,微粒多的空气比少的使速度降低5.5%。

结论:北京的污染对运动员比赛造成损害。

## 二、内容概括

虽然目前室内游泳比赛的成绩很好,北京的可怕的空气污染可能对室外比赛造成影响。第一,这个损害已经产生:部分原因是气闷,8月9日自行车比赛中有三分之一以上的运动员中途退出。第二,北京空气包含超细微粒、一氧化碳、硫氧化物和臭氧等成分,它们每一种都可能降低运动员的速度。美国有一个试验证明:冰球运动员在含微粒多的空气中骑车冲刺的速度比在含微粒少的空气中骑车冲刺速度平均下降5.5%。

## 三、提出问题

污染是程度问题,毫无疑问北京和其他城市一样都有污染,关键在于是否到了文章所说的那种危害运动成绩的程度。

①北京奥运会期间空气真的很糟吗?

②空气真的有可能影响运动员的成绩吗?

③什么是作者的假设?

④什么是作者的结论?

⑤他举了什么例子或者证据?

⑥这些证据可信吗?

⑦作者的推理使你信服吗?

⑧你怎么看? 怎么加强或者反驳它?

## 四、评价论证

①事实:自8月之后北京空气指数CPI均低于100,12日后平均为45(微粒PM 2.5虽没有数据,但公认能见度很好)。

②“部分原因”一词模糊,天气湿热在过去奥运都有,不能成为重要依据。

③闷热、潮湿不等于污染,运动员退出其实主要因为闷热,不等于因为污染。

④微粒空气中的实验存疑,实验条件不清,结论不确定,证据质量低下。

⑤微粒空气实验支持每个成分都会影响比赛的结论吗?

⑥结论问题:“北京的污染对运动员比赛造成损害”得到了好的论证——在事实上和推理上成立吗?

## 五、案例的图尔敏论证模型

案例的图尔敏论证模型如图 10.1 所示。

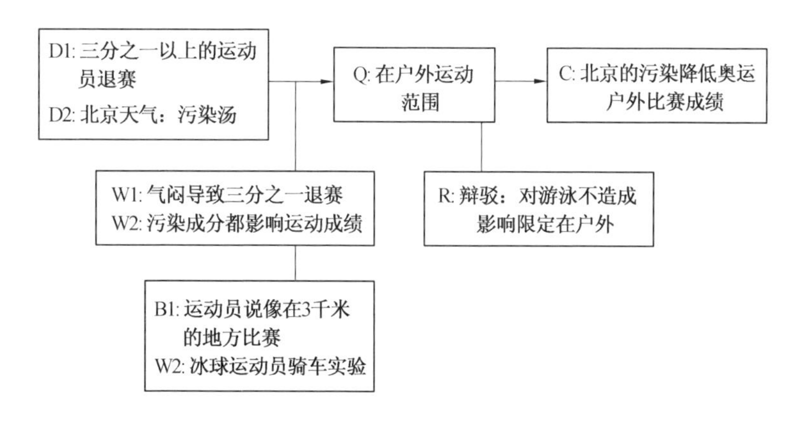


图 10.1　案例的图尔敏论证模型

# 第四节　教学设计

**1. 教学目标**

学会批判性阅读分析。

**2. 教学内容**

(1)批判性阅读的定义。

(2)批判性阅读与字面阅读的对比。

(3)批判性阅读过程。

(4)批判性阅读检验。

**3. 教学重点**

批判性阅读分析实例。

**4. 教学难点**

用图尔敏论证模型分析推理过程。

**5. 教学素材**

见本章附录。

**6. 教学活动**

投票选择:知乎上的回答靠谱吗?

| 知乎上的回答靠谱吗?<br>·厉害的人遇到问题时的思维模式与普通人之间差别在哪?<br>·有些人在遇到问题的时候,能够马上找到解决办法,而有些人则是大脑一片空白,或者怯懦,抱怨,人与人的思维方式主要差别在哪? |
| --- |

# 本章附录

**1. Wassman & Paye, 1985 P323 Key questions for critical comprehension**

(1) Author's reliability and point of view.

①Who is the author? What is the author's professional background? What other authorities does he or she quote to back up any claims? What is used to support ideas? (examples, statistics, or other data?)

②Based on this authority, can the author's comments, generalizations, and ideas be believed?

③What is the author's point of view? (For example, is the author's approach subjective or objective? Neutral or biased? Positive or negative?) How do you know?

(2) Facts and opinions.

①Which statements are based on facts? Which statements are opinions? Are some of the statements of fact and opinion combined?

(3) Language.

①Is the language dependent on denotative or connotative meanings?

②Is the language primarily literal or figurative?

Author's tone, purpose, thesis and attitude.

③What is the author's tone? (For example, serious? Critical? Satiric? Cynical? Sarcastic? Humorous?) Are several tones used?

④What is the author's purpose? (For example, to inform? To entertain? To instruct? To persuade? To argue? To explain? To describe? To narrate? To incite? To excite?) What is the author's motive for writing this essay?

⑤What is the author's thesis?

⑥What is the author's attitude toward his or her thesis?

(4) Inference.

①What conclusions does the author wish to lead you into making?

②What inferences can be implied from what the author has said?

③Are the inferences valid? Explain.

(5) Critical judgment.

①What is the soundness of the author's arguments? (For example, are the arguments logical? Biased? Complete? Misleading?) Is the author uninformed or misinformed on any points?

②How do you react to what the writer has said? Have you been convinced of anything? To answer this last question, you can

A. Describe or explain any new ideas or conclusions which resulted from your reading, or

B. Relate what you have read to your own personal experience, or

C. Show how the author' s ideas did or did not alter your own beliefs and discuss whether you agree or disagree with them.

**2. Bean, el. (2002 P20) Five key questions to reveal a writer' s basic values and assumptions**

①What questions does the text address? (Why are these significant questions? What community cares about them?)

②Who is the intended audience? (Am I part of this audience or an outsider?)

③How does the author support his or her thesis with reason and evidence? (Do I find thisargument convincing? What views and counter-arguments are omitted from the text? What counterevidence is ignored?)

④How does the author hook the intended reader' s interest and keep the reader reading? (Do these appeal work for me?)

⑤How does the author make himself or herself seem credible to the intended audience? (Is the author credible for me?)

By critically considering these "how" questions, you will understand a text more fully and be ready to respond to it by considering three additional sets of questions:

①Are this writer' s basic values, beliefs, and assumptions similar to or different from my own? (How does this writer' s worldview accord with mine?)

②How do I respond to this text? (Will I go along with or challenge what this text is presenting? How has it changed my thinking?)

③How do this author' s evident purposes for writing fit with my purposes for reading? (How will I be able to use what I have learned from the text?)

**3. 知乎上的回答靠谱吗?**

①厉害的人遇到问题时的思维模式与普通人之间差别在哪?

②有些人在遇到问题的时候,能够马上找到解决办法,而有些人则是大脑一片空白,或者怯懦,抱怨,人与人的思维方式主要差别在哪?

来源 https://www.zhihu.com/question/301459876/answer/527723768

Answer 1　4300

一个人,怎么会让你产生一种他很厉害的感觉呢?大多数情况下是下面三点:

第一,快。他思考事情很快,我们还没反应过来,他已经思考完毕了(并且给出的思考结果并不肤浅,有一定深度)。

第二,深刻与全面。我们想不到的地方,他能够想到。

第三,思维稳定。上面又快又深刻的结果,他并不是偶尔有一次灵感来了,想到了,而是能够长期稳定地想到。

那么你认为,这些人是为什么会这么牛呢?

大部分人的本能反应都是:这个人智商真高,他真聪明。然而真实结果可能和你想象的有巨大差别——

这个看起来很厉害的人,可能仅仅是掌握了大量的固定思考套路而已。

Answer 2　506

厉害的人在遇到问题时,会有解决问题的心态,认为遇到问题是好事情,他们抱着成长的想法去亲自动手解决问题,会做很多事情。

一路上会有各种问题跳出来卡着,但是他们总是会尽可能地去想法办。自己学习、看书找答案、向别人请教,等等。在解决问题的过程中,会耗费他们大量的时间、精力甚至金钱,他们并不害怕付出,他们害怕拿不到自己想要的结果。

在做事的过程中,他们会不断地犯错,不断找问题总结经验。随着一个个问题被解决,他们的个人能力会得到提升,这种能力会帮助他们赚钱或者赚名声。

他们日常就爱问为什么,想问题想得深入。不管看到什么听到什么,他们会去理性分析其中的各个因素(现象、背景、原因、结果、影响、办法),这种深入的思考就已经融入他们的日常生活了。

而普通人则相反,在对待问题的心态上以逃避问题为主。认为遇到问题就是麻烦事,他们总是空喊很多口号,实际没啥行动,不怎么做事情。

在遇到问题后,能躲就躲,能拖就拖,实在没办法就糊弄一下,也不认真对待。他们也不会主动想办法去解决问题,抱怨这个抱怨那个,总爱找一大堆理由,也很怕付出。

Answer 3　16000

厉害的人是怎么思考的?

这里,我们就需要用到一个新概念“NLP 理解层次”来解释这个现象:

注释:NLP(神经语言程序学)是由理查德·班德勒和约翰·格林德在 1976 年创办的一门学问,美国前总统克林顿、微软领袖比尔盖茨、大导演斯皮尔博格等许多世界名人都接受过 NLP 培训,世界 500 强企业中的 60% 采用 NLP 培训员工,理解层次是 NLP 中的一个核心概念。

在这个世界上,每一件与我们有关系的事,我们都会赋予其一些意义。

由于每个人赋予的意义都会有所不同,因此我们的理解也会不一样,理解不一样,解决办法当然就会不同。

“NLP 理解层次”认为,对一件事情的理解,我们可以分成 6 个不同的层次,而这个层次是有高低之分的。如果你用低维度的视角去看这个问题的时候,感觉它无法解决。但当你站在更高的一个维度去看它,也许就变成了一个很简单的问题,甚至连问题本身也消失了。就像马车的时代,大家都在寻找更快的马,但当汽车被发明出来后,这个问题就不存在了。

为了便于你理解,我们以每个人所处的不同理解层次,把人分成6种不同的类型。理解层次越高的人,解决问题的能力也就越强,就越是我们社会需要的人才,也就是所谓厉害的人。

# 第十一章　模块8:批判性写作

## 第一节　批判性写作概述

从事写作教学的凯文·麦卡锡(Kevin McCarthy)认为批判性写作的框架主要由四个部分组成,即对四个方面进行阐述,包括:“事实”(The facts)、“事件的本质或意义”(The meaning or nature of the issue)、“事件的严重性”(The seriousness of the issue)、“行动计划”(The plan of action)。5W法,who,what,where,when,why,how这六个问题可以应用到这四个方面。这个框架是批判性写作的工具,可以构架整篇论文。学生们写论文之前而不是在书写论文的过程中按照这个框架构思。

批判性写作的核心包括两点:一是“什么事情发生了”,即事实论据;二是“事件是怎样发生的”,即原因。在考虑这两个问题的时候,我们会用到批判性思维来决定这两个问题存在的维度以及做出理性的、有逻辑性的回应。

**1.“事实”**

一个事件是否存在取决于证据,证据可以用来证明事件的真实性。传统的写作侧重于观点的叙述,因为批判性写作是基于事实论述的写作。

围绕“事实”这个概念,写作者会考虑许多问题,例如,如果收集到了事实论据,事件的起因与其带来的后果又是什么?又是什么使一件事成为令人困扰的问题?当事件成了问题或者困难之后,人们该怎样去改变它?

**2.事件的本质或意义**

这部分内容主要涉及下定义,即当一件事件确实发生,人们该怎样给这件事命名?该怎样定义这件事?作者在写作时可以先将事件归类于一个更宽泛的定义,再将其分化瓦解,只有这样才能强调出问题的本质,并以此能够来制定解决方案。

**3.事件的严重性**

阐述事件是否严重,是否有考究的价值,是批判性写作中一个重要内容。读者通常会判断问题的好坏,判断事件的价值,关注问题的严重性。因此,在这个环节中,写作者需要对这些关键因素有所阐述。

这部分内容的主要目的是吸引读者。写作者可以自己决定论文的论述目的,阐明严重性的程度,例如个人问题、性别问题、家庭关系问题,或者是关于国家、全球的问题。另外,写作者可以进一步说明,如果人们不采取任何行动,这件事情会发展成什么样子?会有什么样的损失?

**4.行动计划**

这部分内容阐述“应该做些什么”,属于“政策层面”。写作者需要讨论以下问题:我们需要对这件事做出怎样的正确反应? 如果不需要所有人都参与到政策制定这一环节,那该由谁来决定参与人员,这些都非常重要。在制定政策实质性内容的时候,需要考虑到政策的成果如何。

写作者在这个部分要告诉读者:我已经阐述清楚了整个事件的前因后果,现在我需要告诉你我认为应该怎样解决这件事情,还需要讲清楚为了实现成效,应细化的步骤,告诉读者每一步该做什么。

# 第二节　批判性写作构成

## 一、批判性分析

批判性写作之前进行的阅读分析包括两个层面,一个是如何评价他人的论证,一个是有效构建自己的论证。

首先,当我们面对外界信息或是他人的论证时,可以在脑海里思考这些问题:

①准确地说,它的中心议题和观点是什么?

②我全部同意、部分同意还是不认同它的观点? 为什么?

③它的结论实际上是建立在某种假设上吗? 如果是,这假设合理吗?

④它的结论是否仅在某些条件下有效,如果是,那是什么?

⑤我需要限定或解释论述中的关键词语的意思吗?

⑥什么样的理由支持我采取这样的立场?

⑦对方会用什么样的理由来反驳或削弱我的立场?

⑧我该怎样承认或反驳他们的观点?

此外,当我们需要表达自己的观点、建构自己的论证时,可以遵循以下的方法:

①确定问题,厘清概念,有目的性思考。

②针对这个问题,明确有哪些不同角度的论点和看法(这些角度有何不同? 是否存在相应的理论或框架? 如何利用这些不同的观点来解释问题?)。

③从不同的角度、正反两方面来评估论点和论据(信息是否可靠? 是否切题、相关? 是否充足,是否存在偏见或不合理的隐含假设等)。

④综合不同角度的思考,得出自己的结论(并反思自己的理由是否相关、充足? 是否存在偏见? 有何优势和劣势等)。

## 二、批判性写作构成

凯文·麦卡锡认为批判性写作应该包括以下6个方面:

(1)明确的主题。

批判性写作的运用首先需要确定一个有趣的主题,即决定自己想写什么。凯文强调标题非常重要。因为文章的标题是传递给读者的初步印象,并告知文章的大致内容和方向,申明问题的严重性,强调事件的大致框架以及点出它的潜在影响。

结构性强的文章可以全程掌握读者的目光和思路,引导他们跟着作者的思路一步步探索，从开头的介绍段，至中间的内容，再到最后的结论。符合逻辑的主题论证有助于读者对内容产生信任，更好地理解作者想要表达的意思。

(2)全面的分析。

在分析阶段，批判性思维是不可少的。在这个阶段，写作者需要定义核心观点，陈列所有可能用到的手法来引导读者明白论文的主旨(例如从心理学角度或者从女权主义者的角度出发等等)，明确论文应该以哪一部分的内容为主，如何将每个部分连接起来组成一个连贯的整体，分析每一个部分之间的互相关系，以及部分与整体之间的关系。

(3)多重的叙述角度。

多重叙述角度是指从多个分析角度来讲同一件事或者同一个观点，而这个过程需要写作者能够从检验和批判两种角度来审视自己的材料。

写作者在阅读大量文献时会发现不同文章的立场不同，有时文章的观点和叙述过程并不严谨。在比较所读的资料时，写作者开始有意识地辨析文章中的某些观点，从而越来越清晰地明确自己文章的主题内容。

(4)内容的评价。

写作者需要识别和评估文献在历史或者社会背景下的特有假设和意识形态视角。我们需要明确是谁写的这篇文章，在怎样的背景下创作的这篇文章。例如，1950 年出版的心理学书籍与一本 2000 年出版的心理学书会有极大的不同。所以，社会条件影响也是需要注意的重要因素，因为它会造成一个题材的文章在不同时间观点截然不同。因此，写作者在收集翻阅资料时就要考虑到这些问题，并针对不同的现象做出自己的回应。

(5)自己的立场。

在了解别人的文章的立场、优劣之后，写作者需要决定自己的立场，并向别人介绍自己的观点和立场。

好的写作者可以为自己的观点进行辩护，查阅大量的资料来支持自己的观点，这是提升论文质量的关键。

(6)结论。

在文章结尾作者需要再次陈述论点和分论点。文章的标题、开头段和结尾段非常重要。标题告诉读者文章的主题，在开头段则更加详细地告诉读者他们将要看到什么样的内容。结论部分再次给读者们强调一遍他们刚才所看到的内容。结尾段还有一个作用即是强调论点和分论点的重要性和相关性，以及让读者感受到文章的连贯性和完整性，而不只是几个分开的文段。

## 三、批判性写作的益处

批判性写作具有以下好处：

(1)作者可以明确而自信地拒绝接受其他作者没有通过严格检验或者测试而提供的论据及证据。

(2)合理地陈述为什么其他作者的结论可能被接受或可能需要被谨慎的对待。

(3)清楚地陈述自己的证据论点，并得出结论。

(4)认识到自己的证据、论证和结论的局限性。

# 第三节　文献综述的批判性写作

## 一、文献综述的主旨

文献综述(Literature Review)不是单纯地把读过的文章写成一篇总结,因为这样写无法展现写作者的思考或者讨论。文献综述的实质是整合(integrate)读过的材料和评估(evaluate)读过的材料。读者通过你的文献综述是可以了解整个关注的领域的研究问题(Research Questions)、研究程序(Procedures)和已有的发现(Findings)。同时,读者也会知道整个领域存在的研究空白(Research gap)以及如何推动该领域向前发展。

Kamler & Thomson(2006)把文献综述比作一个晚宴(table dinner),形象地阐述了如何进行文献综述:

①首先,你邀请你想沟通的学者们入席,你晚宴想沟通的重点是关于你的议题。

②"晚宴"的规模的座位是有限的,所以你要选择谁去或者希望与谁进行对话。

③作为晚宴的组织者,你要为客人留出谈论他们工作的空间,但要与你自己的议题相关。

④同时,你的工作不是简单地做个记录者,而是应该参与到具体的讨论里面。

⑤虽然你不可能总是抓住所有复杂的讨论,但是你可以稍后回想这些对话并仔细考虑。

⑥在你的工作和其他人的工作之间建立了联系之后,就可以开始组织其他的晚餐或者对话,你可以选择不邀请一些客人回来,同时邀请其他人。

⑦因此,你利用你有限的晚餐位置去思考,你想和谁交谈。

⑧然后解释你为什么邀请他们——他们会带来什么?

## 二、文献综述的内容

总而言之,文献综述主要包含以下内容:

(1)为研究提供背景(Provide a context for the research)。

(2)证明研究的合理性(Justify the research)。

(3)确保之前没有做过相关研究(Ensure the research has not been done before)。

(4)展示研究与现有知识体系的契合之处(Show where the research fits into the existing body of knowledge)。

(5)说明该主题之前是如何研究的(Illustrate how the subject has been studied previously)。

(6)评论之前的研究(Critique previous research)。

(7)找出以前研究中的差距或争议(Identify gaps or controversies in previous research)。

(8)表明该工作正在增加对该领域的理解和知识(Show that the work is adding to the understanding and knowledge of the field)。

# 第四节　GRE 批判性写作

## 一、GRE 考试简介

GRE,全称 Graduate Record Examination,中文名称为"美国研究生入学考试",适用于除法律与商业外的各种专业,由美国教育考试服务处(Educational Testing Service,简称 ETS)主办。

GRE,首次由美国哈佛,耶鲁,哥伦比亚,普林斯顿四所大学联合举办。GRE 普通考试是申请研究生入学的必要考试,申请法律或商业学研究生以 LSAT 或 GMAT 替代 GRE 普通考试。

GRE 考试分两种:

①一是一般能力或称倾向性测验(General test 或 Aptitude Test)。

②二是专业测验或称高级测验(Subject Test 或 Advanced Test)。

General test 由机考(分析性写作)和笔试(语文、数学)组成。

## 二、GRE 分析性写作构成

### 1. GRE 分析性写作要求

GRE 分析性写作部分(GRE Analytical Writing Section)包含两个任务:

(1)立论文写作(Issue Task)。

时长 30 分钟,要求作者根据所给题目,完成一篇表明立场的逻辑立论文,简称 AI,字数要求 500 词以上。

例如:Issue-101

Although innovations such as video, computers, and the Internet seem to offer schools improved methods for instructing students, these technologies all too often distract from real learning.

(2)论证写作(Argument Task)。

时长 30 分钟,要求考生分析所给题目,完成一篇驳论文,指出并且有力的驳斥题目中的主要逻辑错误,简称 AA,字数要求 400 词以上。

### 2. GRE 论证写作 AA 题目与范文

题目:The following appeared in a letter to the editor of the Ballmer Island Gazette:

"On Balmer Island, where mopeds serve as a popular form of transportation, the population increases to 100,000 during the summer months. To reduce the number of accidents involving mopeds and pedestrians, the town council of Balmer Island should limit the number of mopeds rented by the island's moped rental companies from 50 per day to 25 per day during the summer season. By limiting the number of rentals, the town council will attain the 50 percent annual reduction in moped accidents that was achieved last year on the neighboring island of Seaville, when Seaville's town council enforced similar limits on moped rentals."

*Write a response in which you discuss what questions would need to be answered in order to decide whether the recommendation is likely to have the predicted result. Be sure to explain how the answers to these questions would help to evaluate the recommendation.*

范文

The author of this editorial recommends that, to reduce accidents involving mopeds(电动车) and pedestrians, Balmer Island's city council should restrict moped rentals from 50 to 25 per day, at each of the island's six rental outlets. To support this recommendation the author cites the fact that last year, when nearby Seaville Island's town council enforced similar measures, Seaville's rate of moped accidents decreased by 50%. There are several reasons why this evidence fails to substantiate the claim.

To begin with, the author assumes that all other conditions in Balmer that might affect the rate of moped-pedestrian accidents will remain unchanged after the restrictions are enacted. People often find ways to circumvent restrictions. For example, with a restricted supply of rental mopeds, people in Balmer who currently rent in the summer might purchase mopeds instead. Also, the number of pedestrians might increase in the future. With more pedestrians, especially tourists, the risk of moped-pedestrian accidents would probably increase. For that matter, the number of rental outlets might increase to make up for the artificial supply restriction per outlet, a likely scenario in consideration of the fact that moped rental demand will not likely decrease. Without considering and ruling out these and other possible changes that might contribute to a high incidence of moped-pedestrian accidents, the author cannot convince me that the proposed restrictions will necessarily have the desired effect.

To further explore the link between the two locations and a reduction in number of accidents, the author relies on what could be an unfair comparison. Perhaps Balmer's ability to enforce moped-rental restrictions does not meet Seaville's ability. In that case, the mere enactment of similar restrictions in Balmer is no guarantee of a similar result. Or perhaps the demand for mopeds in Seaville is always greater than in Balmer. Specifically, if fewer than all available mopeds are currently rented per day from the average Balmer outlet, while in Seaville every available moped is rented each day, then the proposed restriction is likely to have less impact on the accident rate in Balmer than in Seaville.

Finally, the author provides no evidence that the same restrictions that served to reduce the incidence of all "moped accidents" by 50% would also serve to reduce the incidence of "accidents involving mopeds and pedestrians" by 50%. Lacking such evidence, it is entirely possible that the number of moped accidents not involving pedestrians decreased by a greater percentage, while the number of moped-pedestrian accidents decreased by a smaller percentage, or even increased. Since the author has not accounted for these possibilities, the recommendation requires further substantiation.

**3. GRE 论证写作 Argument task(AA)评分标准**

A typical Score 6 Outstanding paper in this category exhibits the following characteristics:

①clearly identifies aspects of the argument relevant to the assigned task and examines them insightfully.

② develops ideas cogently, organizes them logically, and connects them with clear transitions.

③provides compelling and thorough support for its main points.

④conveys ideas fluently and precisely, using effective vocabulary and sentence variety.

⑤demonstrates superior facility with the conventions of standard written English ( i. e. , grammar, usage, and mechanics) but may have minor errors.

**4. GRE 论证写作 AA 题目分析举例**

题目:The following appeared in a letter from a homeowner to a friend.

"Of the two leading real estate firms in our town—Adams Realty and Fitch Realty—Adams Realty is clearly superior. Adams has 40 real estate agents; in contrast, Fitch has 25, many of whom work only part-time. Moreover, Adams' revenue last year was twice as high as that of Fitch and included home sales that averaged $168,000, compared to Fitch's $144,000. Homes listed with Adams sell faster as well: ten years ago I listed my home with Fitch, and it took more than four months to sell; last year, when I sold another home, I listed it with Adams, and it took only one month. Thus, if you want to sell your home quickly and at a good price, you should use Adams Realty."

*Write a response in which you examine the stated and/or unstated assumptions of the argument. Be sure to explain how the argument depends on these assumptions and what the implications are for the argument if the assumptions prove unwarranted.*

在本市的两家最大的房地产经纪公司——Adams Realty 和 Fitch Realty——之中,Adams 显然更优秀一些。Adams 有 40 名房地产经纪人,而 Fitch 只有 25 个,且很多是兼职工作。而且,Adams 去年的收入是 Fitch 的两倍,其平均房价为 $168 000,而 Fitch 仅为 $14 4000。在 Adams 销售的房屋卖得也更快:十年前,我把我的房产交给 Fitch,它用了四个多月才卖出去;去年,我在 Adams 卖了另一处房产,仅用一个月就售出了。因此,要想让你的房产卖得更快更好,你应该选择 Adams。

分析:

①A 的收入是 F 的两倍,但没有数据显示 A 售出房产的数量是 F 的两倍,所以很可能 A 收取了较高的中介费。

②A 的房价比 F 高,但没有考虑到房产的净价值,可能 A 的房产本来就价值高,所以售价较高。

③十年前的数据不能跟去年的数据比较,不具可比性。

④A 和 F 公司业务对象可能不一样。A 可能主要针对较高层次的房子,F 可能针对大众水平的房子。这样 A 公司的平均房价肯定就比 F 公司的高。

⑤这个地区地段有好差之分。A 公司的业务可能在人多地段好的地方,这样,房价高、购买力大导致总收入高是可能的。

# 第五节　批判性写作步骤

## 一、对论证三要素的评估

首先评估论证的三个方面:主张、理由和推理。

①针对主张的评估:含混笼统的谬误、混淆概念、分解的谬误、合成的谬误、熏鲱的谬误、稻草人谬误、不一致谬误,等等。

②针对理由的评估:非黑即白、滑坡谬误、循环论证、诉诸无知、诉诸公众、诉诸权威、诉诸传统、诉诸起源、误用数据、以偏概全,等等。

③针对归纳推理的评估:特例概括、样本太小、错误类别、不恰当比喻、赌徒谬误、无用平均数、以时间先后为因果、因果倒置、单一原因、诉诸远因、令人质疑的假设,等等。

## 二、分析性写作的步骤和方法

**1.如何发现分析性写作的分论点**

(1)识别。

①结论是什么?

②主要论据是什么?

(2)分析。

①结论中的主要概念是什么?

②论据的支持力如何?

(3)评估。

①概念、理由和论证方法有哪些缺陷?

②错误类别、令人质疑的假设、混淆条件。

**2.如何对评估的分论点进行论证?**

(1)使用反例削弱方法,寻找不支持分论点的理由。

(2)识别与阐述。

①熟悉常见错误的特征及其表述。

②为什么说论证中的类比是错误的?

③为什么论证依赖的假设不成立?

**3.如何组织文章结构进行语音表达?**

(1)结构安排。

①从哪开始?

②在哪儿展开?

③到哪儿结束?

(2)语言表达。

①使用清晰准确的语言。

②详略得当。

③合理表述逻辑缺陷。

## 三、批判性写作举例

*Write a response in which you examine the stated and/or unstated assumptions of the argument. Be sure to explain how the argument depends on these assumptions and what the implications are for the argument if the assumptions prove unwarranted.*

A recent study suggests that people who are left-handed are more likely to succeed in business than are right-handed people. Researchers studied photographs of 1,000 prominent business executives and found that 21 percent of these executives wrote with their left hand. So the percentage of prominent business executives who are left-handed (21 percent) is almost twice the percentage of people in the general population who are left-handed (11 percent). Thus, people who are left-handed would be well advised to pursue a career in business, whereas people who are right-handed would be well advised to imitate the business practices exhibited by left-handers.

最近一项研究表明左撇子比右撇子更有可能在商业领域取得成功。研究人员研究了1000个卓越的商业经理人的照片,发现这些人中21%的人用左手写字。所以,在卓越经理人中21%的人是左撇子的这个比例几乎是一般人群中左撇子比例(11%)的2倍。由此,非常建议左撇子从事商业,相比而言,也非常建议右撇子能效仿左撇子适合从商的做法。

写作步骤:

**1.发现分论点**

(1)识别。

①结论是什么?

——左撇子适合从商,右撇子需效仿左撇子从商的做法。

②主要论据是什么?

——卓越经理人中左撇子的比例是一般人群中左撇子比例的2倍。

(2)分析。

①结论中的主要概念是什么?(核心概念)

——左撇子,从商,右撇子,效仿做法。

②论据的支持能力如何?

——卓越经理人中左撇子比例高 不足以证明每一个左撇子都适合从商。

——即使左撇子适合从商,仍不足以证明右撇子就应该效仿这种在哪个领域比例高就适合从事该领域的做法。

(3)评估。

概念、理由和论证方法有哪些缺陷?

①样本不具有代表性 —— 抽样方法,容量。

②以偏概全—— 卓越经理人中的左撇子不等于所有的左撇子。

③令人高度质疑的假设。

除非假设左撇子是这21%的人成为卓越经理人的唯一因素,否则论证不能成立。

④错误类比 —— 适用于左撇子不一定就适用于右撇子。

⑤概念不清晰—— 卓越经理人的概念不明确。

⑥举例与观点无相关性。

“左撇子比右撇子更可能在商业领域取得成功”但给出的例子只是“左对左”比较,没有“左”“右”比较。

**2. 对评估的分论点进行论证**

(1)使用反例削弱方法。

①为什么“只是左撇子”不足以保证他们就适合经商? ——分析从事商业的基本素质。

②为什么“适用左撇子”不足以保证“适用右撇子”?

(2)识别与阐述。

①为什么样本不具有代表性? —— 指出不具有代表性的原因?

②为什么是以偏概全? —— 指出偏和全的不同。

③为什么所依赖的假设是不成立的? —— 指出与假设相关的反例。

④为什么类比是错误的? —— 指出不可比的因素

⑤为什么无相关性? —— 无左右对比

**3. 组织文章结构**

(1)结构安排。

①从哪开始? —— 表面结论(左撇子适合从商)和深层结论(右撇子应该效仿)。

②在哪展开? —— 在主要根据(2倍比例)与核心概念(从商和效仿)的关系上展开。

③到哪结束? —— 底线评估:对严重的逻辑漏洞做总体的分析与概括。

(2)语言表达。

①清晰准确的语言(客观、不夸张、不感情用事)。

②详略得当。

③避免使用术语(使用通俗性语言)。

**4. 成文**

有研究根据一次调查中卓越经理人左撇子比例高于普通人群左撇子比例的情况,得出结论:左撇子适合经商,而且右撇子也应该效仿这种“在哪个领域所占比例高就适合从事该领域”的做法。但是,这个研究的表面结论和深层结论的得出是不可靠的。

①该研究的样本代表性不强。该研究没有说明研究对象来自哪个国家或地区,来自哪些商业领域。而且,1000个研究对象相对于左撇子人群和右撇子人群的数量是很小的。此外,通过“照片中左手写字”这个信息来断定这些人是左撇子的方法也是不可靠的,因为有可能拍照时他们只是恰好左手写字。

②即使卓越经理人中左撇子的比例比较高,也不足以证明每一个左撇子都适合从商。虽然都是左撇子,但是作为个体,他们之间的差异是很大的,例如智力水平、性格、做事风格等。因此,不能仅凭一个相同的特征,就能认定所有具有这个特征的人都适合做同一件事情。

③该研究仅仅把“左撇子”这个特征与“卓越经理人”联系起来，没有提及“卓越经理人”的其他特征。成为“卓越经理人”的要素有很多，包括专业知识、经验、团队精神等等。因此，除非假设左撇子是这21%的人成为卓越经理人的唯一因素，否则“左撇子适合经商”这个论证就不能成立，这是一个基于令人高度质疑的假设。

④即使左撇子在某一领域获得成功的比例高，也不足以证明右撇子就应该效仿这种“在哪个领域所占比例高就适合从事该领域”的做法。一本叫《左撇子的神奇世界》书中指出“左撇子长于右脑思维”，他们在知觉和想象力方面更强一些。右撇子人相对而言左脑发达，善于统计，方向感强，善于做技术类的工作。由此可见，适用于左撇子的事情不一定适用于右撇子。

⑤文中给出的观点与举例点无相关性。文中给出的例子只是对比“卓越经理人左撇子的比例”和“普通人左撇子的比例”，根本没有对“左撇子”和“右撇子” 进行对比，所以不具有相关性。

总之，该研究是在假设“左撇子”是证明“从商成功”的唯一条件下做出的，这一假设显然是不成立的。另外，即使左撇子在某一领域获得成功，也不意味着右撇子就应该效仿这种做法。要想证明左撇子适合从商，就必须对如何能够从商成功涉及的关键要素进行阐述。

## 第六节　教学设计

**1. 教学目标**

学会批判性写作。

**2. 教学内容**

批判性写作构成。

(1)文献综述的批判性写作。

(2)GRE 批判性写作。

**3. 教学重点**

GRE 批判性写作。

**4. 教学难点**

批判性写作步骤。

**5. 教学素材**

练习1~5。

**6. 教学活动**

①头脑风暴：小组讨论练习1和练习2的论证中存在哪些问题？

②作业：按照批判性写作四步法完成练习3~5。

练习1

Arctic deer live on islands in Canada's arctic regions. They search for food by moving over ice from island to island during the course of the year. Their habitat is limited to areas warm enough to sustain the plants on which they feed and cold enough, at least some of the year, for the ice to cover the sea separating the islands, allowing the deer to travel over it. Unfortunately, according to reports from local hunters, the deer populations are declining. Since these reports coincide with recent global warming trends that have caused the sea ice to melt, we can conclude that the purported decline in deer populations is the result of the deer's being unable to follow their age-old migration patterns across the frozen sea.

*Write a response in which you discuss what specific evidence is needed to evaluate the argument and explain how the evidence would weaken or strengthen the argument.*

北极鹿生活在加拿大极地区域的岛屿上。它们全年都通过冰块在岛屿间移动来寻找食物。它们的栖居地局限在那些温暖得足以维持它们所需的植物生长,并且在一年的至少某些时候冷到足以让岛屿间的海面结冰以使它们能够在岛屿间旅行的地方。然而,根据当地猎人的报告,鹿的数量正在下降。由于这一报告正好与最近导致海洋冰面融化的全球变暖趋势同时发生,我们可以得出结论:北极鹿的数量的下降是它们无法按原有的迁移习惯穿越结冰海面的结果。

①猎人的报告是否可靠?之前的鹿大概有多少头,之后的鹿有多少头?是否仅仅是因为鹿迁移出了猎人居住的区域?

②也可能有其他原因,比如天敌数量增加等,导致鹿的数量下降,并不一定是温度升高所致?

③猎人的猎杀也会造成鹿的数量的下降,猎人很可能在推卸责任。

④还有,而且没有证据表明冰川已经融化到无法迁移的程度,即使已经融化到无法迁移了,那么气候变暖也可能会导致岛上的植被增加,可能已经可以满足鹿的需求,反而不用迁移了,无法迁移并不一定意味着鹿的数量会减少。

练习2

The following is a recommendation from the Board of Directors of Monarch Books.

"We recommend that Monarch Books open a café in its store. Monarch, having been in business at the same location for more than twenty years, has a large customer base because it is known for its wide selection of books on all subjects. Clearly, opening the cafe would attract more customers. Space could be made for the cafe by discontinuing the children's book section, which will probably become less popular given that the most recent national census indicated a significant decline in the percentage of the population under age ten. Opening a cafe will allow Monarch to attract more customers and better compete with Regal Books, which recently opened its own café."

*Write a response in which you discuss what questions would need to be answered in order to decide whether the recommendation is likely to have the predicted result. Be sure to explain how the answers to these questions would help to evaluate the recommendation.*

我们建议M书店在店内开设一个咖啡厅。M书店在目前的店址上已经经营了20多年,并由于其广泛的图书种类而拥有了庞大的客户群体。很明显,新开设的咖啡厅会吸引更多的客户,空间可以通过撤出儿童书籍柜台来获得,因为最近一次全国调查显示10岁以下儿童的比率显著下降,所以儿童书就可能没以前那么畅销。开设新咖啡厅将会使M书店引更多客户并更好地与最近刚开设了咖啡厅的R书店展开竞争。

练习3

The following appeared as part of an article in a business magazine.

"A recent study rating 300 male and female Mentian advertising executives according to the average number of hours they sleep per night showed an association between the amount of sleep the executives need and the success of their firms. Of the advertising firms studied, those whose executives reported needing no more than 6 hours of sleep per night had higher profit margins and faster growth. These results suggest that if a business wants to prosper, it should hire only people who need less than 6 hours of sleep per night."

*Write a response in which you examine the stated and/or unstated assumptions of the argument. Be sure to explain how the argument depends on these assumptions and what the implications are for the argument if the assumptions prove unwarranted.*

最近一项根据每天平均睡眠时间,对300名M市广告公司男女高管的调查显示出了高管们所需的睡眠时间与他们公司成功与否的关联。根据对这些广告公司的研究,那些公司高管报告说每天睡眠不足6小时的公司利润更高,并且发展更快。这些结果表明如果公司想蓬勃发展,他们必须只雇佣那些每天睡眠不足6小时的管理人员。

# 第十二章　批判阅读能力研究

## 第一节　大学生英语批判阅读意识现状调查报告

### 一、引言

阅读是人类获取信息的重要手段和认识世界的途径之一，是提高语言行为和能力的重要基础。当前，信息的生成和传播都以前所未有的速度进行，阅读对人类获取信息的重要性愈发凸显。面对纷繁复杂的信息，人们必须要用批判的眼光对信息不断地进行判断、评价和分析。同时，随着全球化进程日趋加快，大学生的阅读范围和内容都在发生改变，他们可以接触随时更新的媒体和网络英语阅读资源，阅读种类不断增加，而且他们更乐于接触原版的报纸、杂志、书籍等阅读材料。

在这样的背景下，批判性阅读应成为学习者逐步发展的阅读方式，批判性阅读能力也应是英语学习者适应当前英语阅读形式不可缺少的一种能力。由于语言意识，尤其是批判性语言意识能够促进学习者发现语言运用的某些模式，因此，调查大学生的批判性阅读意识现状能够更好地为改善其批判阅读能力提供帮助。

本报告调查分析了英语学习者批判性阅读意识现状，以及在批判阅读的各个层次上的表现，并分析了影响学生批判阅读意识形成的因素，以期在英语教学中对英语学习者提高批判性阅读意识提供更有针对性的指导。

### 二、文献综述

#### 1. 关于意识、语言意识及批判性语言意识

从心理学角度讲，意识是指一个人对于认知内容或刺激或主观的体验，它可能在学习中起到促进作用（Al-Hejin，2004）。Tomlinson（2003）将语言意识定义为一种语言使用的精神属性，并认为它可以让学习者“逐步获得对语言如何工作的见解”。

20 世纪 80 年代以来，英国教育机构中盛行“语言意识运动”（Language Awareness Movement），在语言习得、使用、语言变异与语言变化中受的极大的重视（Little，1997）。语言意识的意义在于，它能够驱动学习者发现语言运用的某些规律（Tomlinson，2003）。

Fairclough（1992）指出现代社会语言秩序的特征表现为权势关系日益在隐含层面上通过语言起作用，语言实践日益成为权势干涉与控制社会文化变化的对象。培养批评语言意识首先是在语言研究和话语分析领域培养批评传统；其次是运用批评话语理论和方法在学校和其他教育机构中培养批评语言意识。

近年来，很多学者给予批判性语言意识足够的关注，并提倡将提高学习者的语言意识

作为一项新的课程目标。在语言教学的具体实践中培养学生的批评语言能力具有现实性,尤其是在阅读教学中进行批评性阅读对培养批评语言意识更具重要性、必要性和可操作性。

**2. 关于批判性阅读**

批判性阅读是对书面材料的高层次理解(Pirozzi,2003),它要求读者能够运用诠释和评价技能识别重要和非重要信息,区分事实和观点,判断作者的写作意图和语气。批判性阅读需要使用推断技能深层次的体会表象言语,主动弥补缺失的信息带,从而得出符合逻辑的论断。在语言阅读领域,“批判”不是严格意义上的否定,而是“仔细而准确地评价和判断”(Pirozzi,2003;Garrigus,2003;Milan,1995)。概言之,批判性阅读主要强调在阅读过程中,学习者不仅要理解文章内容,分析全文的结构,总结主题思想,更要注重判断、分析和评价作者的观点、论证过程、写作目的和语气,以此来形成自己对某个问题的看法。

对于批判性阅读的研究,国外的理论和实践研究开始的较早,到目前为止发展的较为完善,并已向各个领域渗透,在实际的教学应用中,批判性阅读教学方法也已取得较好的效果;而在国内,也有一部分专家学者针对批判性阅读进行了专门的研究。据统计,从1990年到2010年,在13类外语核心期刊中,共有200余篇关于英语阅读,其中涉及批判性阅读的文章有20多篇,研究内容主要涉及以下几个方面:批判性阅读教学模式;批判性阅读对学生的意义;批判性阅读测试。其中李慧杰(2010)通过整合批判阅读相关概念和特点,比较批判阅读与字面阅读的异同,结合批判阅读理论的最新发展动态,建立了批判阅读能力的层次框架,确立了英语批判阅读能力的理论构想(Construct)。批判阅读框架强调读者立场、修辞阅读和关联阅读,展示了批判阅读能力从较低层次到较高层次发展的动态过程。这个构想框架包括“结构分析层”“修辞分析层”“社会关联层”和“整体评价层”。从实践操作的角度,每一个层次的构想对应一个操作层面,分析段落、理解深层含义、评价文本和回应文本。这个批判阅读能力的构想框架和操作层面为本项研究提供了理论基础和具体的研究方向。

## 三、研究设计

**1. 研究问题**

(1)当前大学生批判阅读意识现状如何?

(2)学生的批判性阅读意识在批判性阅读的各个层次表现如何?

(3)影响批判性阅读意识形成的因素有哪些?

**2. 研究对象**

参加本项实验研究的是哈尔滨工业大学395名二年级本科生,在实验开始前他们已经学习了一学年的基础英语。本次调查共回收有效问卷345份。其中,文科学生3人,理科学生67人,工科学生264人,未给予信息者11人;男生276人,女生59人,未给予信息者10人;调查对象中通过大学英语四级考试的有171人,通过六级考试的有124人,4级、6级都未通过的有16人,未给予信息者34人;有出国考试经历的学生为24人,无出国考试经历的为273人,未给予信息者48人。同时,根据不同的课型以及学生入学英语分级考试水平,调查对象也有不同的分类,具体见表12.1。

表 12.1　调查对象分布

| 课程 | 人数 | 学习者水平 |
| --- | --- | --- |
| 阅读 | 118 | 普通 |
| 视听说 | 59 | 普通 |
| 词汇 | 79 | 普通 |
| 报刊阅读 | 49 | 优快 |
| 高级阅读 | 40 | 精英 |

**3. 研究工具**

本研究采用问卷调查和访谈的形式。批判性阅读意识调查问卷根据 Wassman & Paye(1985)15 个批判理解问题并参照 California Critical Thinking Skills Test(CCTST), California Critical Thinking Disposition Inventory (CCTDI), 和 Cambridge Thinking Skills Assessment(CTSA)量表编制而成。

为确保问卷的信度和效度,项目组成员在设计好问卷后对问卷各项进行了反复修改,修改后的问卷在学生中进行了小范围的测试后,根据反馈意见进行再次修改。最终,经过 SPSS 信度检验,问卷的信度达到 0.740,同时,对于问卷的每一项也进行了"if item deleted"的检验,结果显示去掉任何一个题目,问卷的总体信度会下降,这说明每一个项目都应该保留,问卷的整体质量较高,信度甚佳。效度检验显示两个问卷各项变量之间均显著性相关;各因子分与总分的相关大于 0.40,且均大于各项因子之间的相关,表明问卷在本次调查中具有较好的内容效度和结构效度。

问卷独立样本 t 检验结果显示,高分组和低分组在 22 个题项上的 t 值均达到 $p<0.000$ 的显著水平,且均值之差值的 95% 置信区间不包含 0,说明两组在全部 22 个题项上具有显著性差异。据此可以得出结论,问卷中这 22 个题目均具有较好的区别力。

最后形成的问卷涉及意识需求、理解含义意识、分析文本意识、评价文本意识、回应文本意识 5 个方面,共有 22 道题目,问卷题目为封闭式题目,采用 Likert 五级量表,要求学生根据自身实际情况进行选择。问卷开头部分调查了学生的一些背景信息,包括性别、年级、专业、是否通过四、六级以及是否参加过雅思、托福等出国考试。该问卷的结构如表 12.2 所示。

表 12.2　问卷结构分布

| 层次 | 焦点 | 题目设置 |
| --- | --- | --- |
| S1 | 意识需求 | 1 ~ 4 |
| S2: | 理解含义意识 | 5 6 8 |
| S3: | 分析文本意识 | 7 9 10 11 |
| S4: | 评价文本意识 | 12 ~ 19 |
| S5: | 回应文本意识 | 20 ~ 22 |

## 四、数据讨论与分析

### 1. 描述性统计分析

如表 12.3 所示,345 名调查对象的批判性阅读意识平均分为 69.34,最低分为 50,最高分为 95,众数为 70,标准差为 8.961,总体而言,学生的批判性阅读意识不是很高,且标准差值不大,这说明学生个体间不存在较大的差异。从直方图(图 12.1)的分布来看,学生的得分几乎成正态分布,低分偏多。

**表 12.3 总分描述性分析结果**

| Valid N | 345 | Missing | 0 |
| --- | --- | --- | --- |
| Mean | 69.34 | Mode | 70 |
| Median | 69.00 | | |
| Std. Deviation | 8.961 | | |
| Skewness | 0.183 | Std. Error of Skewness | 0.131 |
| Kurtosis | -0.295 | Std. Error of Kurtosis | 0.262 |
| Minimum | 50 | Maximum | 95 |

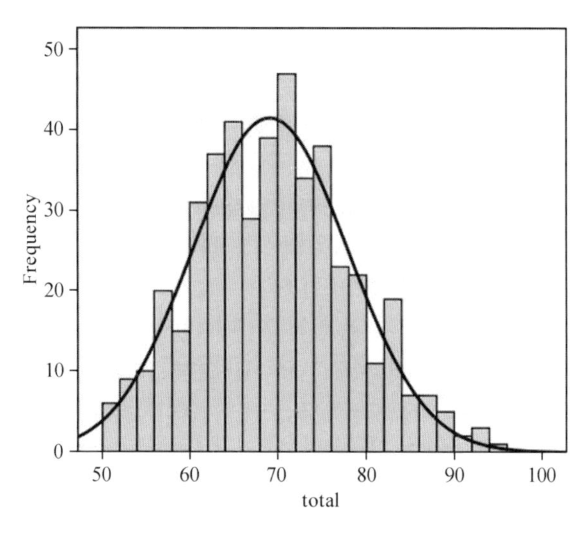


图 12.1 批判性阅读意识直方图

表 12.4 为调查问卷中每一个题目的平均分按照降序排列。结果显示,题项 6 平均分最高,为 3.69,题项 10 平均分最低,为 2.52,学生整体批判性阅读意识较弱,因为没有任何一个题项的平均分超过 4;具体而言,学生在 5,6,8 方面的意识较强,它们属于"理解意识";而在 2,10,11,16,17,18,20,22 方面的意识较弱,其中,题项 2 属于"理解意识",题项 10、11 属于"分析文本意识",题项 16 ~ 18 属于"评价文本意识",题项 20,22 属于"回应文本意识"。

表 12.4　具体题项描述性分析结果

| | N | Minimum | Maximum | Mean | Std. Deviation |
|---|---|---|---|---|---|
| Valid N(listwise) | 345 | | | | |
| i6 | 345 | 1 | 5 | 3.69 | 0.965 |
| i5 | 345 | 1 | 5 | 3.68 | 0.92 |
| i8 | 345 | 1 | 5 | 3.65 | 0.857 |
| i1 | 345 | 1 | 5 | 3.50 | 0.997 |
| i3 | 345 | 1 | 5 | 3.49 | 0.963 |
| i14 | 345 | 1 | 5 | 3.4 | 1.035 |
| i4 | 345 | 1 | 5 | 3.36 | 1.166 |
| i13 | 345 | 1 | 5 | 3.29 | 1.056 |
| i7 | 345 | 1 | 5 | 3.2 | 1.064 |
| i12 | 345 | 1 | 5 | 3.18 | 1.052 |
| i15 | 345 | 1 | 5 | 3.12 | 1.03 |
| i21 | 345 | 1 | 5 | 3.11 | 1.096 |
| i19 | 345 | 1 | 5 | 3.05 | 0.958 |
| i9 | 345 | 1 | 5 | 3 | 0.99 |
| i22 | 345 | 1 | 5 | 2.92 | 1.022 |
| i20 | 345 | 1 | 5 | 2.91 | 1.019 |
| i11 | 345 | 1 | 5 | 2.87 | 1.04 |
| i18 | 345 | 1 | 5 | 2.83 | 0.961 |
| i16 | 345 | 1 | 5 | 2.8 | 1.103 |
| i2 | 345 | 1 | 5 | 2.79 | 0.963 |
| i17 | 345 | 1 | 5 | 2.73 | 1.039 |
| i10 | 345 | 1 | 5 | 2.52 | 0.926 |

**2. 差异显著性检验分析**

独立样本 T 检验结果显示，男生和女生在批判性阅读意识整体上不存在显著性差异($t=1.202, p=0.230$)，但在 S4 评价文本意识层面上存在显著差异如表 12.5 所示。这说明男生相对于女生而言较独立自信，更敢于挑战权威，形成自己的观点。

**表 12.5 男女生的批判性阅读意识 ANOVA 检验事后检验**

| Dependent V | | Sum of Squares | df | Mean Square | F | Sig. |
|---|---|---|---|---|---|---|
| s4 | Between Groups | 148.386 | 2 | 74.193 | 4.918 | 0.008 |
| | Within Groups | 5159.701 | 342 | 15.087 | | |
| | Total | 5308.087 | 344 | | | |

| (I) gender | (J) gender | Mean Difference(I-J) | Std. Error | Sig. | 95% Confidence Interval | |
|---|---|---|---|---|---|---|
| | | | | | Lower Bound | Upper Bound |
| Male | Female | 1.688(*) | 0.557 | 0.003 | 0.59 | 2.78 |

具有出国考试经历的学生与没有参加出国考试的学生存在显著性的差异，事后检验显示两组学生主要在 S2 理解含义意识和 S3 分析文本意识存在显著差异如表 12.6 所示。

**表 12.6 是否有出国考试经历的学生批判性阅读意识 ANOVA 检验**

| Dependent Variable | (I) test | (J) test | Mean Difference (I-J) | Std. Error | Sig. | 95% Confidence Interval | |
|---|---|---|---|---|---|---|---|
| | | | | | | Lower Bound | Upper Bound |
| total | yes | not given | 3.255 | 2.242 | 0.147 | -1.15 | 7.66 |
| | | no | 4.026(*) | 1.902 | 0.035 | 0.28 | 7.77 |
| S2:awareness to interpret | yes | not given | 0.704 | 0.520 | 0.177 | -0.32 | 1.73 |
| | | no | 0.887(*) | 0.441 | 0.045 | 0.02 | 1.76 |
| S3:awareness to analyze | yes | not given | 0.821 | 0.653 | 0.209 | -0.46 | 2.11 |
| | | no | 1.215(*) | 0.554 | 0.029 | 0.13 | 2.30 |

一维方差检验结果显示不同水平的学生仅在需求方面存在显著差异（F=4.798，p=0.009）. 事后检验揭示普通班学生对于批判性阅读的需求比优快班及英才班学生要弱（mean difference=-0.645 *，p=0.048；mean difference=-0.917 *，p=0.010）。是否通过四六级考试对于学生的批判性阅读意识不存在显著的影响。

在批判性阅读意识的形成过程中课程内容被认为起到了至关重要的作用。分析结果显示，选修阅读课的同学批判性阅读意识最强，他们在整体上的平均分比选修视听说课的同学高（mean difference=3.025 *，p=0.034），但是与选修其他课型的同学没有明显差异。具体到每一个层次而言，在 S1 和 S2 方面，组间不存在显著差异；选修阅读课的同学在 S3 层面分别与选修视听说课及词汇课的同学差异显著（mean difference=1.449 * *，p=0.001；mean difference=0.844 *，p=0.041）；在 S4 层面，仅选修阅读课的同学与选修视听说课的同学存在显著差异（mean difference=1.661 *，p=0.008）；在 S5 层面组间不存在显著差异。针对选修阅读课同学具有较高的批判性阅读意识这一现象，项目组成员进行了相关的分析，认为原因可能有以下几个方面：首先，阅读课上使用的原版教材重视阅读技能从基础到高级的系统性训练，为同学们提供了形成批判性阅读意识的途径，使其更好地参与各项阅读活动;其次,所使用的原版教材虽然语言简单易懂,但逻辑严密,这种独特新颖的逻辑思维方式能够帮助学生提高批判性阅读与思考的意识。

### 五、结论

通过上述结果分析,我们可以得出以下结论:首先,理工科大学生整体批判性阅读意识较弱,具体而言,受试者在根据上下文猜测词义,推断隐含的段落大意或文章的主题思想、区分不同的观点方面意识较强;而在主动思考、评价、回应文本等方面的批判意识有待提高。

其次,学生在批判性阅读较低层面的意识要强于高层面的意识。

最后,总体而言,不同性别、是否有出国考试的经历以及选修不同的课型的学生在批判性阅读意识方面存在显著性差异。

据此,批判意识的培养在英语阅读教学中是不可忽视的。教学工作者应在英语教学中有意识的培养学生批判性意识,主张其张扬阅读个性,培养学生的主人态度和创造精神;学生在阅读文本的过程中,应该从“批判”的角度对篇章进行审视、质疑和分析,最后做出自己的评论。这种阅读方式有助于提高学生独立分析问题和解决问题的能力。

## 第二节　大学生英语批判阅读能力自评调查报告

### 一、引言

对于当代大学生来说,阅读是听、说、读、写四种语言技能中最重要的一种。然而,大部分学生在英语阅读过程中,特别是各种阅读测试中,还存在理解上的困难,有些学生在词汇量和语法方面并不存在很大障碍,但是他们依然无法快速准确地抓住文章中表达的深层意义、作者的态度、写作语气和个人观点等,这导致他们在阅读测试中成绩不高。上述这些方面均属于批判性阅读的范畴,因此,注重培养学生批判性阅读技能,对于提高学生的批判性阅读能力有很重要的意义。

本报告旨在调查学生对批判性阅读技能的使用情况的自我评价,描述其总体特点及存在的问题,为本项目其他研究如“学生能否对于自己的批判性阅读能力做出有效的评价”等做好铺垫。

### 二、文献综述

文献调查表明,对于批判性阅读能力的描述多种多样,综合而言,可以分为三种描述形式,即清单式、问题式和说明式,不同的学者也给出了不同的定义与分类。李慧杰(2010)通过整合批判阅读相关概念和特点,比较批判阅读与字面阅读的异同,结合批判阅读理论的最新发展动态,建立了批判阅读能力的层次框架,确立了英语批判阅读能力的理论构想(construct)。批判阅读框架强调读者立场、修辞阅读和关联阅读,展示了批判阅读能力从较低层次到较高层次发展的动态过程。这个构想框架包括“结构分析层”“修辞分析层”“社会关联层”和“整体评价层”。从实践操作的角度,每一个层次的构想对应一个操作层面,及分析段落、理解深层含义、评价文本和回应文本。这个批判阅读能力的构想框架和操作层面为本项研究提供了理论基础和具体的研究方向。

## 三、研究设计

**1. 研究问题**

(1)当前英语学习者对自身批判阅读技能的运用自我评价如何?

(2)学生自评的批判性阅读能力在批判性阅读的各个层次的表现如何?

**2. 研究对象**

参加本项实验研究的是哈尔滨工业大学 252 名二年级本科生,共回收有效问卷 198 份,其中男生 162 人,女生 30 人,未给予信息者 6 人,平均学习英语的年限为 8.6 年。

**3. 研究工具**

本研究采用问卷调查和访谈的形式。学生使用批判阅读技能调查问卷根据李慧杰(2010)以及 Facione(1990)关于批判性阅读能力从较低层次到较高层次发展的分类并参照国内外研究者对批判性阅读技能的论述编制而成。

为确保问卷的信度和效度,项目组成员对问卷各项进行了反复修改,修改后的问卷在学生中进行了小范围的测试后,根据反馈意见进行再次修改。最终,经过 SPSS 信度检验,问卷的信度达到 0.905,同时,对于两个问卷的每一项也进行了“if item deleted”的检验,结果显示去掉任何一个题目,问卷的总体信度会下降,这说明每一个项目都应该保留,问卷的整体质量较高,信度甚佳。

最后形成的问卷涉及理解含义、分析文本、评价文本、回应文本 4 个方面,共有 20 道题目,问卷题目为封闭式题目,采用 Likert 五级量表,要求学生根据自身实际情况进行选择。问卷开头部分调查了一些学生的背景信息,包括性别、年级、专业、是否通过四六级以及是否参加过雅思、托福等出国考试。该问卷的结构如表 12.7 所示。

**表 12.7　问卷结构分布**

| | |
|---|---|
| S1:interpretation | Item 1 2 4 5 |
| S2:analyzing paragraph | Item 3 6-10 |
| S3:evaluating reading | Item 11-18 |
| S4:responding to text | Item 19-20 |

## 四、数据讨论与分析

首先,对学生的批判性阅读能力自评得分进行了描述性统计分析,结果如表 12.8 所示。

从表 12.8 中可以看出,所选 198 名研究对象最高分为 97,最低分为 33,平均分为 68.9,平均分已达到平均水平,初步说明学生对自身批判性阅读技能的使用有着积极良好的评价。

表 12.8　描述性分析结果

| N | Valid | 198 |
|---|---|---|
| | Missing | 0 |
| Mean | | 68.90 |
| Median | | 68.00 |
| Mode | | 62(a) |
| Std. Deviation | | 10.716 |
| Skewness | | -0.046 |
| Std. Error of Skewness | | 0.173 |
| Kurtosis | | 0.410 |
| Std. Error of Kurtosis | | 0.344 |
| Minimum | | 33 |
| Maximum | | 97 |

表 12.9 为学生在批判阅读各个层面的技能使用情况自我评价的描述性分析结果。如表所示，学生自评的批判性阅读能力在批判性阅读的各个层次的平均分为：理解含义(3.63)、分析文本(3.32)、评价文本(3.15)、回应文本(3.065)，这说明“理解含义”是学生自认为最频繁使用且使用正确率最高的批判性阅读技能，而“回应文本”则是学生最不经常使用且使用正确率不高的阅读技能。

表 12.9　各题项描述性分析结果

| | N | Minimum | Maximum | Mean | Std. Deviation | Mean |
|---|---|---|---|---|---|---|
| i1 | 198 | 2 | 5 | 3.67 | 0.718 | |
| i2 | 198 | 2 | 5 | 3.55 | 0.771 | 3.63 |
| i4 | 198 | 1 | 5 | 3.53 | 0.888 | |
| i5 | 198 | 1 | 5 | 3.78 | 0.734 | |
| i3 | 198 | 2 | 5 | 3.27 | 0.790 | |
| i6 | 198 | 1 | 5 | 3.48 | 0.785 | |
| i7 | 198 | 1 | 5 | 2.85 | 0.851 | |
| i8 | 198 | 1 | 5 | 3.77 | 0.835 | 3.32 |
| i9 | 198 | 1 | 5 | 3.53 | 0.841 | |
| i10 | 198 | 1 | 5 | 3.00 | 0.966 | |
| i11 | 198 | 2 | 5 | 3.60 | 0.732 | |
| i12 | 198 | 1 | 5 | 2.94 | 0.930 | |
| i13 | 198 | 1 | 5 | 3.35 | 0.875 | |

续表 12.9

| | N | Minimum | Maximum | Mean | Std. Deviation | Mean |
|---|---|---|---|---|---|---|
| i14 | 198 | 1 | 5 | 3.07 | 0.879 | 3.15 |
| i15 | 198 | 1 | 5 | 2.78 | 0.867 | |
| i16 | 198 | 1 | 5 | 3.06 | 0.921 | |
| i17 | 198 | 1 | 5 | 3.19 | 0.920 | |
| i18 | 198 | 1 | 5 | 3.23 | 0.892 | |
| i19 | 198 | 1 | 5 | 3.14 | 0.916 | |
| i20 | 198 | 1 | 5 | 2.92 | 0.895 | 3.065 |
| i21 | 198 | 1 | 5 | 3.20 | 0.934 | |

从表 12.9 中我们也可以看出学生认为在题项 5“区分不同的观点技能”使用率及正确率最高为 3.78，另外学生在题项 8“识别作者目的技能”(3.77)，题项 1“根据下文猜测词义”(3.67)，题项 11“识别论点和论据”(3.60)，题项 2“识别隐含的段落大意或主旨”(3.55)方面的自我评价情况较好。其中，题项 1,2,5 属于理解含义，题项 8 属于分析文本，题项 11 属于评价文本。

### 五、结论

通过上述结果分析，我们可以得出以下结论：所调查学生对自身批判性阅读技能的使用情况有着积极良好的自我评价，同时，学生对于较低层次的批判性阅读技能使用的频率和正确率的评价要高于较高层次的阅读技能使用的频率和正确率，它们的顺序依次是：理解含义技能>分析文本技能>评价文本技能>回应文本技能。其中，识别作者目的，通过语境判断隐含词义，区分不同的观点，识别论点和论据以及识别作者的语气是最能被学生正确应用的批判性阅读技能。

## 第三节　大学生英语批判阅读能力测评调查报告

### 一、引言

在全球信息化、传播媒介新技术不断发展的今天，传统的阅读能力已无法满足学习者的需求，批判性阅读能力作为一种新阅读模式和理念已引起广泛关注。本报告以测试的形式深入调查了学生的批判性阅读能力表现，以便更有针对性地对学生进行训练，帮助其充分挖掘和提升英语批判性阅读能力。

### 二、研究设计

#### 1. 研究问题

(1)当前英语学习者批判阅读测试表现如何？

(2)学生在批判性阅读能力各个层次的测试表现如何？

(3)影响学生批判性阅读测试表现的因素有哪些?

**2. 研究对象**

参加本项实验研究的是哈尔滨工业大学252名二年级本科生,共回收有效问卷245份,其中男生195人,女生41人,未给予信息者9人,平均学习英语的年限为8.6年。

**3. 研究工具**

为了全面考核学生的各层面的批判性阅读能力,本研究选用李慧杰(2007)开发的批判性阅读测试卷,并根据受试者水平以及实际情况进行了一定的修改与调整。

本套测试卷由四道大题5篇文章组成。有关所选文章的详细信息见表12.10,共有26道题目,全卷满分60分,考试时间为90分钟。

**表12.10　所选文章详细信息**

| 文章 | 体裁 | 话题 | 词数 | 来源 |
|---|---|---|---|---|
| 1 | Argumentation | Nonverbal Communication | 946 | "Ten Steps to Improving College Reading Skills" (John Langan, 2008) |
| 2 | Advertisement | Ad for Audi | 293 | "Authentic Reading" (1982) |
| 3-4 | Argumentation | SAT is the Best Way to Test Reasoning Skills & Why We Need a Test to Replace SAT | 400<br>386 | "Critical Reading and Writing for Advanced ESL Students" (1987) |
| 5 | Argumentation | Driver's Education Course in High School | 107 | GRE Argument online |

表12.11为本套试卷的详细考点分布。

**表12.11　试卷考点分布**

| 层次 | 考点 | 考题形式 | 题项 |
|---|---|---|---|
| interpretation | Vocabulary in context | MCQ | Ⅰ1,2; |
| | facts and opinions | MCQ | Ⅰ13 |
| | main idea | MCQ | Ⅰ3,4,5 |
| analysis | paragraph organization pattern | MCQ | Ⅰ10,11,12 |
| | Purpose and tone | MCQ | Ⅰ18,19 |
| | Making inference | MCQ;matching | Ⅰ14,15,16,17;Ⅱ1; |
| evaluation | uncover arguments and evidence | MCQ;summary | Ⅰ20;Ⅲ1,2; |
| | assessing arguments | MCQ | Ⅰ6,7,8,9 |
| | appeals in arguments | SAQ;essay | Ⅱ2;Ⅳ |
| | logical fallacies | SAQ;essay | Ⅱ2;Ⅳ |
| response | summary | summary | Ⅲ1,2; |
| | express a personal viewpoint | SAQ;essay | Ⅱ2;Ⅲ3;Ⅳ |

试卷的信度分析结果显示,试卷总体的信度系数为 0.741,表明试卷具有较高的信度见表 12.12。

**表 12.12 试卷信度分析**

| Cronbach's Alpha | N of Items |
|---|---|
| 0.741 | 26 |

对试卷结果进行独立样本 t 检验结果显示,高分组和低分组四个大题上的得分均存在显著差异,且均值之差值的 95% 置信区间不包含 0,这说明试卷具有较好的区别力。

## 三、数据讨论与分析

### 1. 描述性统计分析

表 4 为学生阅读测试成绩的描述性统计分析结果。总体来说,学生的批判性阅读测试成绩较低,如表 12.13 所示,满分为 60,学生的平均得分为 27.01,最低分为 7,最高分为 46,标准方差为 9.373,说明个体间差距不大。

**表 12.13 试卷描述性统计分析**

| | | |
|---|---|---|
| N | Valid | 245 |
| | Missing | 0 |
| Mean | | 27.01 |
| Median | | 28.00 |
| Std. Deviation | | 9.373 |
| Minimum | | 7 |
| Maximum | | 46 |

具体而言,第一大题着重考察学生的理解含义及分析能力,属于较低层次的批判性阅读能力,受试者在第一大题的得分情况为,最低 0 分,最高 19,平均分为 12.98 见表12.14,占满分 20 的 64.9% 这说明超过 60% 的学生在理解含义及分析方面的能力较好。

**表 12.14 各大题描述性分析**

| Part | N | Minimum | Maximum | Mean | Std. Deviation |
|---|---|---|---|---|---|
| 1 | 169 | 0 | 19 | 12.98 | 3.238 |
| 2 | 132 | 0 | 10 | 4.65 | 2.348 |
| 3 | 167 | 0 | 18 | 6.08 | 4.864 |
| 4 | 132 | 0 | 10 | 1.73 | 2.595 |

第二大题主要考查学生的推理及评价能力,受试者在第二大题的得分情况为,最低 0 分,最高 10 分,平均分为 4.65,占满分 10 的 46.5%。

第三大题主要考察学生识别论点和论据以及总结能力,得分情况为最低 0 分,最高 19,平均分为 6.08,占满分 20 的 30.4%。

第四大题综合考察学生的分析、判断、评价能力,学生最低 0 分,最高 10 分,平均分为

1.73,仅占满分10分的17.3%。

从上述分析可以看出,学生在低层次的批判性阅读能力上表现良好,随着层次的提高,学生能力及水平逐渐下降。

**2. 差异显著性检验分析**

一维方差和独立样本T检验结果显示,性别、是否具有出国考试经历、是否通过CET、在批判性阅读测试表现上不存在明显的差异。

一维方差检验结果显示,选修不同课型的同学在阅读测试总分上没有明显的差别,但选修阅读课的同学在第二大题和第四大题上的得分显著高于选修视听说的同学,但与选修其他课型的同学没有显著差异(见表12.15)。

**表12.15　不同课型学生的阅读测试成绩独立样本T检验**

| Dependent Variable | F | P | Between groups | Mean Difference | Sig. |
|---|---|---|---|---|---|
| Part 2 | 9.755 | 0.002 | R-WLS | 1.374 | 0.000 |
| Part 4 | 19.398 | 0.000 | R-WLS | 1.867 | 0.000 |

检验结果还表明英才班学生综合批判性阅读能力要显著高于普通班学生,事后检验揭示英才班学生在第一大题和第二大题得分要普遍高于普通班学生(见表12.16)。

**表12.16　不同水平学生的阅读测试成绩独立样本T检验**

| Dependent Variable | F | P | Between groups | Mean Difference | Sig. |
|---|---|---|---|---|---|
| total | 10.887 | 0.001 | Elite-Ordinary | 8.999 | 0.000 |
| Part 1 | 10.243 | 0.002 | | 1.338 | 0.01 |
| Part 2 | 16.258 | 0.000 | | 1.495 | 0.000 |

### 四、结论

通过以上的初步分析我们可以看到,目前学生的英语批判性阅读测试表现整体上处于较低水平,从侧面反映了批判性阅读能力的培养没有受到广大师生的重视;具体而言,学生在批判性阅读能力的较低层次得分要高于其在批判阅读能力高层次的得分。另外,学生的测试表现在学生水平及不同的课型上有明显差异。

## 第四节　影响大学生英语批判阅读能力发展的因素调查报告

### 一、引言

批判阅读是高水平的阅读活动,它需要读者的积极参与。批判阅读不仅仅分析文本说什么,而且分析如何说。批判能力被看作是学识的第四个维度,也是发达国家高等教育培养目标之一。

随着全球化进程日趋加快,我国大学生的阅读范围和内容都在发生改变。他们可以接触随时更新的媒体和网络英语阅读资源,使用互联网了解新闻、学习知识和查找论据。在这样的背景下,批判性阅读应成为学习者逐步发展的阅读方式,批判性阅读能力也应是英语学习者适应当前英语阅读形式势必不可缺少的一种能力。

然而,基于本项目前期进行的研究,我们发现我国大学生英语批判阅读能力仍处于较低水平,学生的这项能力亟待提高。因此,调查哪些因素影响了学生该项能力的发展是极其必要的,其调查结果将会带来多种启示。

## 二、文献综述

### 1. 对批判阅读能力的描述

对于批判性阅读能力的描述多种多样,综合而言,可以分为三种形式,即清单式、问题式和说明式,不同的学者也给出了不同的定义与分类。

Garrigus(2002:xvi)把批判阅读能力分为两个层面:

基本技能包括:

①区分话题式文章结构和阐明思想式文章结构。

②找到段落、多段组合,以及整篇文章的主旨思想。

③识别出文章阐述思想的模式。

④认识表明段落发展模式的过渡词。

高级技能要求学生能够:

①推断隐含信息以及说明隐含主旨。

②组合分散的主要观点。

③区分事实与观点。

④评价证据。

⑤解释比喻性语言。

⑥识别基本的逻辑谬误和煽情。

李慧杰(2010)通过整合批判阅读相关概念和特点,比较批判阅读与字面阅读的异同,结合批判阅读理论的最新发展动态,建立了批判阅读能力的层次框架,确立了英语批判阅读能力的理论构想(construct)。批判阅读框架强调读者立场、修辞阅读和关联阅读,展示了批判阅读能力从较低层次到较高层次发展的动态过程。这个构想框架包括"结构分析层""修辞分析层""社会关联层"和"整体评价层"。从实践操作的角度,每一个层次的构想对应一个操作层面及分析段落、理解深层含义、评价文本和回应文本。

### 2. 影响学生批判思维能力发展的因素

目前尚未有针对影响批判阅读能力因素的研究,但是对批判思维的研究日益丰富,对前者提供了线索。姚利民(2001)在其期刊论文"国外对教学促进大学生批判性思维发展的研究及启示"中介绍了 Mcmillan(1987)对七项研究的评述,后者讨论了课程规划、教学方法或模式,以及课程和教师等因素对大学生批判思维发展的影响。文中得出以下结论:高年级学生表现出更强的批判思维能力;特殊设计的批判性思维课程并没有产生积极地影响;理科生和非理科生之间没有显著差异;学生选修跨学科课程有助于批判思维发展;学校作为一个整体对大学生的批判思维有很大影响;相同课程内容由不同教师讲授时,对学生的批判思维的影响有差异;进行教学方法或模式改革对促进大学生批判能力的发展有一定作用,但不能估计过大;课堂教学对学生批判思维的影响程度比人们设想或期望的小得多,其他因素如课外经历也是影响学生批判性思维的重要因素。

## 三、研究设计

为探究影响大学生批判阅读能力的因素，我们主要采用了访谈的方法寻找一些共性的因素。访谈的对象是10名学生和5名教师。这些学生都参与了前期的批判阅读意识调查、能力自评和能力测评；而教师没有参与前期的工作。

面向学生的访谈提纲：

①你认为英语批判阅读能力重要吗？

②你对英美国家的历史文化感兴趣吗？了解多吗？

③你认为哪些方面影响你的批判阅读能力呢？

④你认为英语课堂学习有助于发展你的批判阅读思维吗？

⑤你认为英语老师对发展你的批判阅读能力的作用大吗？

⑥你认为教材的内容适合批判阅读吗？

⑦你认为考试应该考查批判阅读能力吗？

⑧你认为应该开设专门的批判阅读课程吗？

面向教师的访谈提纲：

①你认为批判阅读与传统阅读有什么区别？

②你认为教材的内容适合批判阅读吗？

③你在课堂上会设计一些活动引导学生进行批判式阅读吗？

④你认为应该开设专门的批判阅读课程吗？

⑤你认为有必要记录学生的批判阅读过程吗？

## 四、数据分析与讨论

所有学生认为批判阅读能力非常重要，并表示参与这次研究才对这个概念有了真正的了解。有6名同学谈到自己的批判阅读能力不强与自己的性格特点有关同，习惯于听从老师的安排，认为印出的文字都是重要的和正确的，不愿意与人辩论等。所有学生表示对英美国家的历史文化感兴趣，但由于学业繁忙，没有时间深入地了解，但认同历史文化背景知识有助于批判性阅读。7名学生认为日常的英语课程没能对提高批判阅读有帮助，因为教师多以讲授为主，即使提问，也多以回答信息为主。有2名学生上过使用原版教材的阅读课，认为教师在讲授“宣传”和“推理错误”两章内容时，很好地引导学生使用了批判阅读技能。有2名学生认为教材内容无所谓是否适合批判阅读，因为他们的阅读习惯是读懂文章内容即可。还有2名学生认为，其实所有的教材课文都适合批判阅读，只不过教师和学生没有这样处理课文的意识而已。有7名学生认为考试应该考查批判阅读能力，因为可以帮助他们深入思考作者的意图和评价作者的观点；另3名学生不赞同，因为觉得有时读懂文章就很困难了，如果再评价作者的观点，有时难以用英语表达清楚。关于是否应该开始批判阅读课程，8人表示赞同，认为可以系统地了解并提高批判阅读能力，其中4人认为开设选修课更好一些；另外2人持无所谓态度。

针对教师的访谈中有些问题与对学生的访谈是相同的，例如，第2个问题“你认为教材的内容适合批判阅读吗？”和第4个问题“你认为应该开设专门的批判阅读课程吗？”。教师的回答与学生的想法有很多相似之处。他们认为教材的内容在某种程度上更适合较低层次的批判阅读，如概括文章主要内容、区分观点和事实、和推断作者意图等，但如果涉及更高层次的批判阅读能力，则学生可能会需要大量的时间和精力查找资料，而课堂时间有限，不能使学生充分展示。1 名教师认为没有必要开设专门的批判阅读课，1 名教师认为可以在阅读课上开设一个专题，另外 3 名教师认为可以开设批判阅读选修课。

参与访谈的教师都认为批判阅读与传统阅读有很大区别，但描述的差异多数都为较低层次的批判阅读能力，没有教师把批判阅读能力上升到评价论据和回应文本的层面上。

关于是否会在课堂上会设计一些活动引导学生进行批判式阅读，有 1 位老师表示会多设计一些问题，例如针对作者背景、时代背景、结合学生的实际生活经历，对比可能存在的不同观点等；另外 4 名老师也会设计一些问题，但相对比较浅显，如作者的观点是什么、作者如何阐述观点，等等。

批判阅读能力是需要逐步积累的，但教师们在回答“你认为有必要记录学生的批判阅读过程吗?”这个问题时比较茫然，他们认为学生的批判阅读能力应该外显出来，但不清楚如何能更好地记录他们这方面的能力。

以上数据表明，批判阅读能力已经得到学生和教师的重视，但他们对高层次的批判阅读能力还不是很了解。影响批判阅读能力发展的因素主要涉及学生因素、教师因素和课程因素等。

学生因素主要包括以下几个方面：学生的英语水平高低（即是否高于门槛水平）、学生个人的生活经历、学生的英美国家历史文化背景知识、学生的批判阅读意识强弱，以及学生的性格特征和思维活跃程度。

教师因素主要包括教师的知识结构和教师的教学策略。如果教师自身的知识结构比较单一，那么他们的批判阅读意识也比较薄弱，因而教学过程中就不注重批判阅读能力的开发和培养。教师的教学策略对学生批判阅读能力的影响体现在教师的引导作用上。如果教师因为课时紧张或课文词汇和语法难度较大而注重篇章的讲解，则不利于学生批判阅读能力的培养；相反，如果教师有意识地设计批判阅读活动，事先安排，则可以把学生阅读的重点引导到评判和回应的层面上来，有助于学生的批判阅读能力的提高。

课程因素体现在阅读课程教材的编写和是否开设专门的批判阅读课。如果教材编写过程中多设计一些适合开拓学生思路的问题，那么学生和教师的批判阅读意识都会有所增强。专门开设批判阅读课程能够直接地提高学生的批判阅读意识而且能够循序渐进地提高批判阅读能力，使学生尽快掌握对英语文本批判地接受的本领，为学生将来查阅文献撰写论文等打下坚实的基础。

## 五、结论与启示

阅读教学在大学英语教学中占有极其重要的一席之地，培养学生的批判阅读能力是开发学生批判思维的有效途径。面对大学生的“思辨缺席症”，培养他们批判阅读能力是当务之急。但是，由于传统的阅读习惯和阅读教学的束缚，多种因素正在制约学生批判阅读能力的发展。

总体来讲，这些因素体现在以下三个方面（见表 12.17）。

通过以上调查分析，我们可以得到以下启示：

①高年级大学英语阅读课程的授课模式可以采取课下课上时间比为 3:1 的模式，即

课下学生需花费更多的时间查找资料、分析文本、形成自己的观点,再在课堂上参与讨论,发表自己观点,而教师起到组织者的作用。

表 12.17　因素分析

| 学生因素 | 教师因素 | 课程因素 |
| --- | --- | --- |
| 语言水平 | 知识结构 | 课程设置 |
| 生活经历 | 教学策略 | 教材编写 |
| 英美文化背景知识 | 批判阅读意识 | 教学设计 |
| 批判阅读意识 | | |
| 阅读习惯 | | |
| 性格特征 | | |

②授课内容不是以针对信息的提问或翻译难句为主,而是帮助学生在理解课文的基础上评价作者的论说方法以及启发学生形成自己的看法和观点,教师起到引导者的作用。

③大学英语教材编写时,应多设计一些批判阅读问题,并将这些问题与学生的认知、生活经历、国情、社会现象等联系起来,从而启发学生的批评性思维。

④大学英语课程的测试体系应该有所变革,将对学生的批判阅读能力的考查收纳进来。这种做法的好处是能够更好地发挥考试的后效作用。

⑤大学英语课程对学生英语能力的评价体系应该有所变革。学生的批判阅读能力是逐步积累,因此应该体现在对学生能力的形成性评价中。利用档案袋评价方式可以较好地记录学生的能力发展过程。

# 本章附录

## 一、英语批判性阅读意识调查问卷

英语批判性阅读意识调查问卷

性别________　学院________　专业________　学号________

学英语年限:________年

英语过级情况:A. 四、六级都没过　B. 通过四级笔试　C. 通过六级笔试

是否有备考托福(或雅思或 GRE)的经历? A. 是　B. 否

亲爱的同学:

您好! 首先非常感谢您参加此次问卷调查。本问卷旨在调查非英语专业学生英语批判性阅读意识现状。问卷所有的问题都不存在正确或错误的答案。问卷共有 22 条目,每条目后设有 5 个选项:

1 = 完全不符合( <5% 的符合率),2 = 基本不符合(25% 的符合率),3 = 部分符合(50% 的符合率),4 = 基本符合(70% 的符合率),5 = 完全符合( >90% 的符合率)。

希望每位同学根据自己的真实情况认真作答。本调查仅供作者的研究之用,您的合作和真诚将会给作者带来宝贵的信息和帮助,同时我们也保证对同学们的调查信息严格保密。感谢同学们的合作和帮助!

请依据个人的符合情况,在相应的栏内划钩。每个题都是单选,请不要漏答任何题目。

| | | 1. 完全不符合 | 2. 基本不符合 | 3. 部分符合 | 4. 基本符合 | 5. 完全符合 |
|---|---|---|---|---|---|---|
| 1 | 我发现各类英语考试越来越重视考查对文章篇章结构分析和对观点鉴赏、评价等方面的能力。 | | | | | |
| 2 | 在英语阅读中,我遇到的最大的困难是对文章的整体鉴赏和观点的评价。 | | | | | |
| 3 | 面对纷繁复杂的阅读材料,信息是否可信我需要做出自己的选择和判断。 | | | | | |
| 4 | 我经常遇到针对某一观点发表自己的立场和看法的写作任务。 | | | | | |
| 5 | 阅读文章时,我的注意力不仅仅在生词和语言点上,我更重视文章的主题或作者的观点。 | | | | | |
| 6 | 我习惯通过上下文猜测生词的含义。 | | | | | |
| 7 | 阅读时,我特别注意作者的措辞在语气、态度方面是否有隐含意(如讽刺、幽默、正话反说等)。 | | | | | |
| 8 | 阅读时,我会关注文章中不同的观点。 | | | | | |
| 9 | 拿到阅读材料,我十分关注文章的组织结构。 | | | | | |
| 10 | 阅读时,我会琢磨作者谋篇布局的方法。 | | | | | |
| 11 | 阅读时,我总是思考作者为什么这么说。 | | | | | |
| 12 | 我喜欢从不同的角度考虑某一观点的合理性。 | | | | | |
| 13 | 在阅读时,我渴望知道更多与文章相关的内容。 | | | | | |
| 14 | 我善于将读到的内容与自己的亲身经历相联系,帮助分析文中的观点。 | | | | | |
| 15 | 我发现自己经常评价别人的观点。 | | | | | |
| 16 | 我容易被演讲词中的话语所打动。 | | | | | |
| 17 | 我通常相信新闻报道中的内容。 | | | | | |
| 18 | 我会主动探究阅读中让我产生疑问的观点或信息的来源。 | | | | | |
| 19 | 在阅读过程中,我会考虑作者的观点是否代表某一群体或阶层的观点。 | | | | | |
| 20 | 阅读之后,我习惯对文章的大意或观点做总结。 | | | | | |
| 21 | 阅读之后,我会比较作者在文中体现的价值观、信念等和自己的是否相同。 | | | | | |
| 22 | 我经常针对文章中的论题表达自己的看法。 | | | | | |

感谢您参与本次调查!如果您对批判阅读感兴趣,请留下联系方式:

电话________________ 电子邮件________________

## 二、英语阅读能力自评调查问卷

### 英语阅读能力自评调查问卷

同学：

您好！本问卷是为了解学习者的英语阅读能力，请按照您的真实情况从五个选项中选择（在相应序号前打钩，每个题只有一个答案），调查结果仅供学术研究之用，对参与调查者的信息保密，谢谢合作。

总是　经常　有时　很少　从不

5　4　3　2　1

1. 读完一篇文章，我能够概括文章的主题思想。

5　4　3　2　1

2. 读完一篇文章，我能够对文章的组织结构有清晰的认识。

5　4　3　2　1

3. 我能够区分文章中的事实与观点。（事实是经过核实的完全真实的事件；观点是对事实的陈述，是无法证实的，例如“他体重 40 公斤”是事实；“他很瘦”是观点）

5　4　3　2　1

4. 我能够区分文中不同的观点。

5　4　3　2　1

5. 通过作者的措辞我能够判断作者对于所谈论的话题的态度。

5　4　3　2　1

6. 通过识别文中的修辞手法（比喻、用典等），我能够推断出更多的言外之意。

5　4　3　2　1

7. 我能够识别作者的写作目的（如劝说、娱乐、通知、解释……）。

5　4　3　2　1

8. 通过判断作者语气（例如，严肃的、批评性的、讽刺的、幽默的……）我能够识别作者的隐含意。

5　4　3　2　1

9. 通过识别语言中的偏见我能够判断作者的态度。

5　4　3　2　1

10. 我能够识别作者的论点和论据。

5　4　3　2　1

11. 我能够判断论证过程中论据是否充分。

5　4　3　2　1

12. 我能够判断论据是否与论题相关。

5　4　3　2　1

13. 我能够判断论据是否真实可信。

5　4　3　2　1

14. 我能够识别作者论点中的潜在的假设。(例如“我们减肥中心能够治愈您的饥饿感”是基于“肥胖是一种病”和“有病应该得到治疗”的假设)

5　4　3　2　1

15. 我能够识别论据中的“煽情”。(煽情指在论证中不依靠有充分根据的论证,而仅利用激动的感情、煽动性的言辞或仅靠不加分析地摘引权威人士的言论等去拉拢读者,以使别人支持自己论点,包括诉诸情感、权威、恐惧、爱国主义、怜悯及传统。例如,王鸿的这段话不大会错,因为他是听他爸爸说的。而他爸爸是一个治学严谨、受人尊敬、造诣很深、世界著名的数学家。这句话是诉诸权威)

5　4　3　2　1

16. 我能够识别推理上的“逻辑谬误”。(逻辑谬误是指违反思维规律或逻辑规则的议论,尤其是指论证中不符合逻辑的推论,常见的逻辑谬误有自相矛盾、偷换论题、以偏概全、人身攻击等。例如,枪支和铁锤一样都是具有金属构件的可以杀人的工具,但是限制购买铁锤是很荒唐的,因此限制购买枪支也同样荒唐。这句话属于“类比失当”)

5　4　3　2　1

17. 我能够识别特殊文体如广告、新闻报道、政论文等中使用的操纵性策略。

5　4　3　2　1

18. 我能够利用相关的背景知识(如文章来源、作者身份等)对文章进行客观评价。

5　4　3　2　1

19. 我能够结合文章内容写摘要。

5　4　3　2　1

20. 我能够针对文中论题发表自己的观点。

5　4　3　2　1

## 三、英语批判性阅读能力测试卷

性别________　学院________　专业________　学号________

**Part Ⅰ　Nonverbal Communication**

Anthony F. Grasha

**Preview**

When we think of communication, we usually think of language. But a great deal of human communication takes place without speaking. When we are angry, we may make a fist. When we are happy, our faces give us away. The extent to which we reveal our feelings without words, however, goes much further than we are often aware of. In this excerpt from a college textbook titled Practical Applications of Psychology, Third Edition (Scott, Foresman/Little, Brown), Anthony F. Grasha provides an overview of just how much we really say without words.

**Words to Watch**

norms(2): normal standards　culprit(6): guilty one　manipulate(7): use

utterances(7): expressions　quivering(8): trembling

The way we dress, our mannerisms, how close we stand to people, eye contact, touching, and the ways we mark our personal spaces convey certain messages. Such nonverbal behaviors communicate certain messages by themselves and also enhance the meaning of our verbal communications. Pounding your fist on a table, for example, suggests anger without anything being spoken. Holding someone close to you conveys the message that you care. To say "I don't like you" with a loud voice or waving fists increases the intensity of the verbal message. Let us examine the concepts of personal space and body language to gain additional insights into the nonverbal side of interpersonal communication.

Edward Hall notes that we have personal spatial territories or zones that allow certain types of behaviors and communications. We allow only certain people to enter or events to occur within a zone. Let us look at how some nonverbal messages can be triggered by behaviors that violate the norms of each zone. The four personal zones identified by Hall are as follows:

**1. Intimate distance.**

This personal zone covers a range of distance from body contact to one foot. Relationships between a parent and child, lovers, and close friends occur within this zone. As a general rule, we allow only people we know and have some affection for to enter this zone. When people try to enter without our permission, they are strongly repelled by our telling them to stay away from us or by our pushing them away. Why do you think we allow a doctor to easily violate our intimate distance zone?

**2. Personal distance.**

The spatial range covered by this zone extends from one to four feet. Activities like eating in a restaurant with two or three other people, sitting on chairs or on the floor in small groups at parties, or playing cards occur within this zone. Violations of the zone make people feel uneasy and act nervously. When you are eating at a restaurant, the amount of table space that is considered yours is usually divided equally by the number of people present. I can remember becoming angry and generally irritated when a friend of mine placed a plate and glass in my space. As we talked I was visibly irritated, but my anger had nothing to do with the topic we discussed. Has this ever happened to you?

**3. Social distance.**

Four to twelve I feet is the social distance zone. Business meetings, large formal dinners, and small classroom seminars occur within the boundaries of the social distance zone. Discussions concerning everyday topics like the weather, politics, or a best seller are considered acceptable. For a husband and wife to launch into a heated argument during a party in front of ten other people would violate the accepted norms for behavior in the social zone. This once happened at a formal party I attended. The nonverbal behaviors that resulted consisted of several people leaving the room, others looking angry or uncomfortable, and a few standing and watching quietly with an occasional upward glance and a rolling of their eyeballs. What would violate the social distance norms in a classroom?

**4. Public distance.**

This zone includes the area beyond twelve feet. Addressing a crowd, watching a sports event, and sitting in a large lecture section are behaviors we engage in within this zone. As is true for the other zones, behaviors unacceptable for this zone can trigger nonverbal messages. At a recent World Series game a young male took his clothes off and ran around the outfield. Some watched with amusement on their faces, others looked away, and a few waved their fists at the culprit. The respective messages were "That's funny," "I'm afraid or ashamed to look," and "How dare you interrupt the game" What would your reaction be in this situation?

Body language refers to the various arm and hand gestures, facial expressions, tones of voice, postures, and body movements we use to convey certain messages. According to Erving Goffman, they are the things we "give off' when talking to other people. Goffman notes that our body language is generally difficult to manipulate at will. Unlike our verbal utterances, we have less conscious control over the specific body gestures or expressions we might make while talking. Unless we are acting on a stage or purposely trying to create a certain effect, they occur automatically without much thought on our part.

Michael Argyle notes that body language serves several functions for us. It helps us to communicate certain emotions, attitudes, and preferences. A hug by someone close to us lets us know we are appreciated. A friendly wave and smile as someone we know passes us lets us know we are recognized. A quivering lip tells us that someone is upset. Each of us has become quite sensitive to the meaning of various body gestures and expressions. Robert Rosenthal has demonstrated that this sensitivity is rather remarkable. When shown films of people expressing various emotions, individuals were able to identify the emotion correctly 66 percent of the time even when each frame was exposed for one twenty-fourth of a second. Body language also supports our verbal communications. Vocal signals of timing, pitch, voice stress, and various gestures add meaning to our verbal utterances. Argyle suggests that we may speak with our vocal organs, but we converse with our whole body. Body language helps to control our conversations. It help us to decide when it is time to stop talking, to interrupt the other person, and to know when to shift topics or elaborate on something because our listeners are bored, do not understand us, or are not paying attention.

**QUESTIONS:**

1. In the excerpt below, the word enhance means:________

A. replace.　　B. reinforce.　　C. contradict.　　D. delay.

"*The way we dress, our mannerisms, how close we stand to people, eye contact, touching, and the ways we mark our personal spaces convey certain messages. Such nonverbal behaviors communicate certain messages by themselves and also enhance the meaning of our verbal communications.*" (*Paragraph* 1)

2. In the excerpt below, the word repelled means:________

A. greeted　　B. turned away.　　C. encouraged.　　D. ignored.

"*When people try to enter without our permission, they are strongly repelled by our telling them to stay away from us or by our pushing them away.*" (*Paragraph* 3)

3. Which sentence best expresses the central point of the selection?

A. It is possible to express anger without words.

B. People communicate with each other in various ways.

C. We can convey nonverbal messages and emphasize verbal messages through the use of personal space and body language.

D. According to Michael Argyle, body language has several functions.

4. Which sentence best expresses the main idea of paragraph 7?

A. We must plan our body language.

B. It is hard to control body language.

C. Actors use body language to create an effect.

D. Body language refers to the nonverbal ways we communicate, usually without conscious control.

5. The main idea of paragraph 8 is expressed in the ________

A. first sentence.　　B. second sentence.

C. next-to-last sentence.　　D. last sentence.

6. According to Rosenthal' s work, we ________

A. frequentlyunderstand body language.　　B. rarely understand body language.

C. alwaysunderstand body language.　　D. never understand body language.

7. To support his central point, the author uses ________

A. examples.　　B. research.　　C. opinions of other experts.D. all of the above.

8. Playing cards occurs within ________

A. an intimate distance.　　B. a personal distance.

C. a social distance.　　D. a public distance.

9. The major supporting details of the reading are ________

A. nonverbal messages and verbal messages.

B. communicating well and communicating poorly.

C. intimate distance and body language.

D. communicating through personal space and through body language.

10. The signal word at the beginning of the sentence below shows: ________

A. addition.　　B. comparison.　　C. contrast.　　D. time ·

"*Unlike our verbal utterances, we have less conscious the specific body gestures or expressions we mighttalking.*" (*Paragraph* 7)

11. The patterns of organization of paragraph 3 is: ________

A. time order.　　B. cause and effect.

C. definition and example.　　D. list of items.

12. On the whole, paragraph 8: ________

A. compares and contrasts body language and verbal expression

B. lists the functions of body language.

C. defines body language and gives examples of it.

D. uses time order to narrate an incident about body language.

13. The sentence below is: ________

A. totally factual.

B. only opinion.

C. both fact and opinion.

"*When shown films of people expressing various emotions, individuals were able to identify the emotion correctly* 66 *percent the time even when each frame was exposed for one twenty-four of a second.*" (*Paragraph* 8)

14. TRUE OR FALSE? Just as body language generally occurs automatically, so does the use of personal space.

15. Goffman's ideas on body language (Paragraph 7) imply that ________

A. we usually are aware of our own body language.

B. our body language might reveal emotions we wish to hide.

C. we can never manipulate our body language.

D. we should learn to manipulate our body language.

16. We can conclude from the reading and our own experience that: ________

A. communicates positive and negative messages of all sorts.

B. is best at communicating friendly messages.

C. communicates poorly.

D. communicates rarely.

17. Two students reviewing together for a test would be working within ________

A. an intimate distance.

B. a personal distance.

C. a social distance.

D. a public distance.

18. The author's primary purpose in this selection is to ________

A. inform.

B. persuade.

C. entertain.

19. On the whole, the author's tone is ________

A. humorous.

B. objective.

C. scornful.

D. enthusiastic.

20. Write the letter of the statement that is the point of the following argument. Note that two other statements support the point, and that one statement expresses another point.

A. I became angry and generally irritated when a friend of mine placed a plate and glass in my space.

B. As we talked I was visibly irritated, but my anger had nothing to do with the topic we discussed.

C. Business meetings take place within the boundaries of the social distance zone.

D. Violations of his personal zone make people feel uneasy and act nervously.

# 参考文献

[1] 钱颖一. 批判性思维在教育中的作用[J]. 工业和信息化教育,2014(3):5-7.
[2] 谷振诣. 道德推理:阅读经典与道德判断[J]. 工业和信息化教育,2017(5):51-60.
[3] 理查德·保罗. 批判性思维:主导个人学习与生活的工具[M]. 北京:机械工业出版社,2013.
[4] 谢小庆. 审辩式思维在创造力发展中的重要性[J]. 内蒙古教育,2014(11):13-15.
[5] 武宏志. 论美国的批判性思维运动及其教益[J]. 华中科技大学学报(社会科学版),2014,28(04):112-120.
[6] 张中元. 大学英语口语教学与批判性思维研究综述[J]. 英语广场,2018(5):59-62.
[7] 黄存良. 通识课程视阈下大学审辩性思维课程设计研究[D]. 上海:上海师范大学,2019.
[8] 冯林,张崴. 批判与创意思考[M]. 北京:高等教育出版社,2015.
[9] 黄存良. 通识课程视阈下大学审辩性思维课程设计研究[D]. 上海:上海师范大学,2019.
[10] 董毓. 批判性思维原理和方法[M]. 北京:高等教育出版社,2010.
[11] 武宏志. 论批判性思维[J]. 广州大学学报(社会科学版),2004(11):10-16,92-93.
[12] 格雷戈里·巴沙姆. 批判性思维. 第5版(美)[M]. 舒静译. 北京:外语教学与研究出版社,2019.
[13] 李加义. 我国批判性思维研究综述[J]. 唐山师范学院学报,2014,36(6):135-138.
[14] 李英涛,刘申申. 布鲁姆教育目标分类在大学英语阅读教学中的应用研究[J]. 湖北开放职业学院学报,2019,32(6):127-130.
[15] 黄涛. 新版布鲁姆教育目标分类对外语教学与测试改革的启示[J]. 西华师范大学学报(哲学社会科学版),2009(3):101-106.
[16] 于勇,高珊. 美国大学生批判性思维培养模式及启示[J]. 现代大学教育,2017(4):61-68.
[17] 张杨,张立彬. 美国高校学生批判性思维能力的培养模式探究[J]. 世界教育信息,2012,25(1):46-50.
[18] 高瑛,许莹. 我国外语专业批判性思维能力培养模式构建[J]. 外语学刊,2015(2):127-132.
[19] 马利红. 国外批判性思维开放题测评的发展及启示[J]. 中国考试,2018(3):48-53.
[20] 罗清旭. 批判性思维理论及其测评技术研究[D]. 南京:南京师范大学,2002.
[21] 任子朝. 思维技能测验的测量目标与技术—剑桥评价的思维技能测验评介[J]. 中

国考试,2010(11):23-30.
[22] 谢小庆,李慧华. 牛津、剑桥招生中的审辩式思维测试[J]. 内蒙古教育,2017(3):6-10.
[23] 罗清旭,杨鑫辉.《加利福尼亚批判性思维技能测验》的初步修订[J]. 心理科学,2002(6):740-741.
[24] 史璟. 批判性思维的测量与培养[J]. 江淮论坛,2017(5):129-134.
[25] 陈汝东. 东西方古典修辞学思想比较——从孔子到亚里士多德[J]. 江汉大学学报(人文科学版),2007(1):56-61.
[26] 牟晓鸣. 亚里士多德与西方古典修辞学理论[J]. 大连民族学院学报,2008(4):353-355.
[27] 刘志明. 亚里士多德修辞学三要素在广告英语中的应用[J]. 智库时代,2017(17):231-232.
[28] 解观义. 汉布林非形式逻辑思想研究[D]. 保定:河北大学,2015.
[29] 王路. 亚里士多德关于谬误的理论[J]. 哲学研究,1983(6):47-52.
[30] 丁煌,武宏志. 谬误研究史论[J]. 湖北师范学院学报(哲学社会科学版),1995(5):41-48.
[31] 蔡广超. 汉布林的谬误理论研究[D]. 上海:华东师范大学,2007.
[32] 陈汝东. 东西方古典修辞学思想比较——从孔子到亚里士多德[J]. 江汉大学学报(人文科学版),2007(1):56-61.
[33] 江颖颖. 孔子与苏格拉底的思维方式对中西方哲学传统的影响[J]. 哈尔滨市委党校学报,2011(2):11-14.
[34] 施祖毅. 孔子和苏格拉底启发式教学法的异同[J]. 衡水学院学报,2013,15(2):106-109.
[35] 张学庆. 图尔敏论证模型述评[D]. 济南:山东大学,2006.
[36] 张晓娜. 图尔敏论证模型研究[D]. 北京:中国政法大学,2013.
[37] 杨宁芳. 图尔敏论证模式[J]. 重庆理工大学学报(社会科学),2012,26(7):12-17.
[38] PENNYCOOK A. Critical Applied Linguistics: a critical introduction [M]. London: LEA,2001.
[39] PIROZZI R. Critical Reading, Critical Thinking, 2nd ed. [M]. NY: Longman,2003.
[40] BEAN J C, CHAPPELL V A, GILLAM A. Reading Rhetorically: a reader for writers [M]. London: Longman,2002.
[41] MILAN D. Developing Reading Skills[M]. NY: McGraw-Hill, Inc,1995.
[42] HANCOCK O H. Reading Skills for College Students[M]. Englewood Cliffs: Prentice-Hall,1987.
[43] GOATLY A. Critical Reading and Writing: an introductory coursebook[M]. London: Routledge,2000.
[44] HAFNER L E. Improving Reading in Middle and Secondary Schools[C]. NY: Macmillan Publishing Co., Inc,1974.

[45] SPACHE G D, BERG P C. The Art of Efficient Reading[M]. NY: Machmillan Publishing Company,1984.
[46] SCHWEGLER R. Patterns of Exposition, 17th [M]. London: Person Education, Inc,2004.
[47] PIROZZI R. Critical Reading,Critical Thinking,2nd ed.[M]. NY:Longman,2003.
[48] GARRIGUS R. Design in Reading: an introduction to critical reading[M]. NY: Longman,2002.
[49] TWINING J E. Reading and Thinking:a process approach[M]. NY:Holt,Rinehart and Winston,1985.
[50] CLEGG C S. Critical Reading and Writing Across the Discipline[M]. NY: Holt, Rinehart and Winston,Inc,1988.